阿米巴合夥制

稻盛和夫的企業模式

內部競爭 × 權責分配 × 股權激勵
阿米巴經營模式,讓員工從「賣命打工人」變成「共同合夥人」!

員工也可以斜槓合夥人?
利潤共享 × 責任共擔,
合夥制企業,阿米巴模式重塑競爭力!

胡八一 著

內部分帳、權責下放、利益共享⋯⋯
讓員工像老闆一樣思考,驅動企業長期發展!

目錄

序言 005

第一章
阿米巴經營模式：
打造靈活高效的企業管理體系 013

第二章
合夥制：讓企業與員工共創共享 057

第三章
成功實施合夥制的三大關鍵思考 073

第四章
落實合夥制的四大步驟 087

目錄

第五章
合夥制運行的五大核心機制　　　　　　　　145

第六章
阿米巴＋合夥制的成功案例剖析　　　　　　251

序言

阿米巴＋合夥制＝強韌企業的經營基石

老闆依靠自身個人力量就能持續支撐一家公司的時代已經一去不復返了！這是無須爭論的事實。

如今，老闆一個人已經撐不起一家公司了，需要找銷售人員、產品設計人員、資源開發人員……你找，人家也在找，那就要比較哪家給的待遇好。

最初比較的是薪水、環境、休假三個方面。應聘人員在面試時最關心的是每月固定薪水多少？是不是包吃包住？宿舍裡有沒有空調、能不能上網？每週休息幾天、要不要加班？

接著比較的是綜合收入、人際關係、培訓機會三個方面。綜合收入當然包括固定薪水之外的獎金、分紅、保險等，但決定員工去留最重要的，還是人際關係。與老闆、上司，甚至與同事一言不合，員工第二天就不來上班了。

這一路比較下來，老闆發現，人力成本太高了，而且還請不到人。關鍵是花了那麼多時間、精力、資金培養好的人

序言

才,同行答應多給其一半的薪水,他立刻就跳槽了。

於是老闆們也在苦思冥想,終於參透了,這回輪到老闆主動出擊了 —— 分責任、分權力、分利益!也就是說,如今較量的就是經營模式、治理結構、企業生態三個方面。

前兩次的較量是單向流動的,從企業流向員工,企業多付出,員工多獲得。對老闆來說,這是被動的較量。

現在的較量是雙向的,既從企業流向員工,也從員工流向企業。老闆可以多分享利益給員工,關鍵是員工也要多分擔責任。為了能有效地多分擔責任,老闆還得多讓員工獲得權力!沒有權力,是無法履行職責的。

於是,好的經營理念形成了,接下來在於如何落實。

首先,老闆該拿哪部分利益來分給大家?

比如公司去年利潤100萬元,都是老闆個人的,今年的利潤還是100萬元,老闆拿80萬元,另外20萬元分給員工。可以嗎?

大多數老闆不願意!老闆讓利給員工的目的是鼓勵員工更努力地工作,從而一起賺更多錢,並不是減少老闆的所得!即使老闆願意分出去20萬元,能夠減輕自身負擔,那也值得!但如果沒有達到這個效果呢?那老闆讓利有意義嗎?

其次,員工到底分擔什麼責任?

一說到責任,我們很容易想到以下幾種情形:

銷售人員的責任是把產品賣出去、把款項收回來;研發人員的責任是把產品開發出來;生產人員的責任是把產品製

造出來；採購人員的責任是把物資等買回來；人力資源部的責任是把人員招聘過來⋯⋯這也沒錯！問題是，大家都這麼做了，最終公司還是虧損了。

現在問題來了，原本定了某員工年薪100萬元，也定了相應的「責任」，甚至把「責任」轉化成業績指標，而且還規定，如果該員工沒有達到目標，就只能拿80萬或60萬，這似乎更加合理。但公司今年是虧損的，老闆不但沒有賺一分錢，還要把以前分紅的錢拿出來倒貼。

那這個「倒貼」的責任，該不該分擔給員工呢？

如果應該，那就意味著員工也要倒貼，他們會答應嗎？

如果不應該，那他們承擔責任的意義究竟有多大呢？

最後，分權，到底分什麼權？

我有個顧問客戶是經營連鎖超商的，老闆想請店長對經營利潤負責，而不是像以前那樣對營業收入負責，因為企業最重要的是利潤，而不是收入。

老闆召集店長開會，說明這件事，店長們議論紛紛：「要我們對利潤負責也可以，只是影響利潤的因素很多，如果我們無法掌控，就等於掌控不了利潤。」老闆說：「你們想怎麼做？」店長們說：「那就得分享一定的許可權！」

「分享採購權嗎？買貴了，成本就高了，可能損失利潤，誰來承擔責任呢？」

「分享銷售定價權嗎？你們肯定希望價格越低越好，若損失利潤該怎麼辦？」

序言

老闆生氣了，店長不出聲了……

那麼，到底有沒有一種經營管理模式可以讓老闆更輕鬆、公司更強大、員工收入更高呢？

這也是我寫本書的目的！

許多老闆問：「究竟有什麼辦法能使員工像老闆一樣努力呢？」

答案就是鼓勵員工在「公司」當「二老闆」。「二老闆」多賺的同時，也為公司多賺、為大老闆多賺，何樂而不為呢？

老闆問：「我也聽過股權激勵，但是員工持股比例少，就沒有打拚的動力，該怎麼分才合適呢？」

我舉了一個例子。企業生產部的主要考核指標是交貨時間、產品品質、製造成本（Time、Quality、Cost，TQC）。也就是說，生產部所有人員的薪水、獎金，很大程度上取決於他們的TQC。你要一個生產部的員工去關注公司的利潤，這件事大到他關注不了時，他就會放棄。同理，生產部的員工覺得自己關注了TQC也沒用（與分紅無關），也會放棄關注。

老闆說：「我明白了！你的意思是要生產部的員工持有生產部的股份，這樣他們所持有的股份比例就比較大，他們的努力程度就會與分紅的狀況緊密相連，從而可以真正激發他們去打拚！」

現在，我就把各位老闆關心的幾個核心問題列出來，看看是不是你的疑惑？

問題1：關於有限公司與合夥企業、股東與合夥人。

§它們之間到底有什麼差別與關聯？

§與員工共同登記有限公司，還是合夥企業比較好？

§登記，還是不登記比較好？

§讓員工做股東，還是做合夥人比較好？

§以上問題的利弊何在？

問題2：關於員工的股份來源與其所在部門的關係。

§部門的市值怎麼評估？有的是輕資產、有的是重資產。

§如果部門很大，如製造部，是不是還可以進一步細分到工廠、小組？

§是不是每個部門都有利潤呢？沒有利潤的部門該拿什麼分紅？

§沒有交易就沒有利潤，那麼誰與誰交易？該如何交易？

§同一級別的員工拿不同部門的股份，部門有大小，會不會造成不平衡？

問題3：關於員工個人持股多少的問題。

§不同級別的員工占多少股份比例才是合理的？

§員工的股份太少，激勵效果不夠；如果太多，原有股東的利益會不會受損？

§想讓員工比你還努力，就讓他得到的比你多，那老闆豈不是失控了？

§員工說，想要股份，也想合夥，但沒錢入股，怎麼

序言

辦呢？

§如果只持有本部門的股份，他們還會關心整個公司的利益嗎？

問題4：關於分紅與退出機制。

§公司以前很少分紅，員工合夥以後必須每年都分紅嗎？

§分紅是按股份多少來分，還是要參考員工的業績呢？怎麼參考？

§老闆沒在合夥企業中拿薪水，合夥的員工還要不要拿薪水？

§如果工商登記了，員工離職時，他的股份怎麼辦？

§這些分紅與企業所得稅、個人所得稅是什麼關係？

我這裡把「企業內部員工持股或合夥」的問題要點，歸納為以下兩句話，作為方案設計及方案實施中可能會遇到的問題的總方向。

第一句：

出錢多的，不一定股份多；股份多的，不一定分紅多。

第二句：

最重要的是合夥企業的利潤能否算得清楚，患不均；其次才是每一位合夥人能夠分得多少，不患寡！

因此，若想持續、有效實施企業內部合夥機制，最好先實施阿米巴經營模式，把每個部門的利潤計算得清清楚楚，

大家都認可計算規則,員工才敢大膽地拿錢出來合夥,否則老闆想讓合夥企業沒有利潤是很容易的,比如提高合夥企業在總公司內部採購的商品和服務,降低合夥企業輸出給其他部門的產品和服務的價格。這也是很多企業員工不敢、不願意拿錢出來合夥的原因。

因此,再送讀者一句話:

阿米巴+合夥制=鋼筋+水泥=基業長青。

胡八一

序言

第一章

阿米巴經營模式：
打造靈活高效的企業管理體系

「阿米巴經營模式」的核心內容就是「劃小核算團隊、團隊獨立核算；實施內部定價、進行內部交易」。

如果企業內部在某個部門實行合夥制，那前提是這個合夥制的部門必須能獨立核算，即清楚收入多少、支出多少、收益多少，否則它的收益就是一筆糊塗帳。如果合夥人的收益沒有公開、透明的保障，那誰敢跟公司老闆合夥？而且，既然是公司內部的一個部門，就算這個部門採用合夥制，也難免與其他部門進行產品或服務交易，包括與其他部門分攤一些公共費用。如果交易沒有定價、費用分攤不清楚，何談「清楚的獨立核算」呢？

第一章 阿米巴經營模式：打造靈活高效的企業管理體系

第一節
阿米巴經營模式的核心概念與原則

胡八一觀點：沒有實施阿米巴，企業內部的合夥制難以支撐！

稻盛和夫定義的阿米巴經營模式，它的核心內容就是「劃小核算團隊、團隊獨立核算；實施內部定價、進行內部交易」。即在正確的經營理念指導下，把一個大的組織分成若干個小組織，然後每個組織都獨立核算，內部交易，從而在公司內部培養具有經營意識的領導者，實現全員參與，也就是人人都成為經營者。

如果沒有特別說明，本書中的「阿米巴經營模式」、「阿米巴模式」和「阿米巴」都是相同的意思。某個部門、科室、工廠或小組，若採用阿米巴模式，我們就稱這個團隊為「巴」，如採購巴、生產巴、銷售中心巴等。

我們以一個案例來說明什麼是阿米巴經營模式，企業如何推進阿米巴經營模式。

【現象陳述】

在諮詢客戶當中，有一家企業，它的整個產業鏈是購買種蛋、孵小雞、飼養成雞，再將成雞屠宰。屠宰之後，把一

部分雞肉直接銷售,另一部分,像雞爪之類的,就做成加工食品。

有一天,這家公司的老闆非常生氣。正常情況下,從買種蛋到孵成小雞,通常需要一個星期,成功孵出小雞的比例大概是95%。然而這一次用了8天時間,孵出小雞的比例只有50%,這無疑增加了公司的成本。

老闆訓斥孵小雞的部門負責人:「這是怎麼回事?怎麼8天才孵出50%呢?」

這個孵小雞的負責人回答道:「這不能怪我,因為這個雞蛋有問題。」那到底是雞蛋的問題,還是孵小雞的問題呢?這就說不清楚了。

禍不單行。本來孵出的小雞,交給飼養成雞的部門,35天就可以把小雞養到1.5公斤左右,且存活率也能達到95%。結果飼養也出現問題,45天之後,只有60%的存活率。

老闆開始訓斥這個飼養成雞的負責人:「這是怎麼回事,你是怎麼養小雞的?」

飼養成雞的負責人委屈地說:「老闆,這不能怪我,這個小雞的基因有問題。你想,我以前也是這樣飼養小雞的啊!」那到底是飼養成雞的人有問題,還是這個小雞的基因有問題呢?這也說不清楚。

第一章 阿米巴經營模式：打造靈活高效的企業管理體系

關鍵的問題是，成雞沒有及時養出來，那公司屠宰的部門也就沒事做了。那銷售部門呢？也沒有成品可以銷售。所以，可能後面一系列部門都會停工、停產。

【原因分析】

諮詢顧問透過調查、研究診斷後，認為如果要徹底解決這家公司的問題，比如相互推諉、成本居高不下、產出率較低等，以傳統的管理模式根本無法做到，而是要採取中醫「調理＋藥物」的治療模式，即透過「調整生產關係」來「解放生產力」。也就是說，今天的種種問題，有的根本不是「管理」造成的，而是「經營模式」、「公司體制」及「激勵機制」造成的，是底層邏輯的生產關係出現問題，要推行阿米巴經營模式，標本兼治。

那麼，這家公司是怎麼推行阿米巴經營模式的呢？如圖1-1 所示。

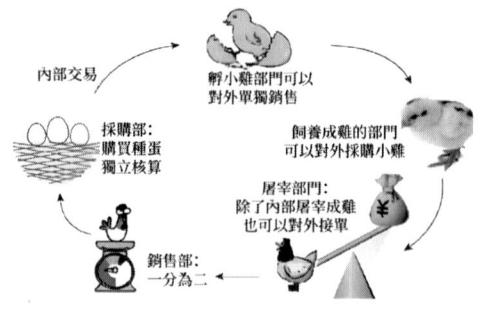

圖 1-1 整個公司內部的價值鏈貫穿

【策略整理】

很多老闆巴不得什麼都做,而且是自己做!這家公司雖然沒有那麼誇張,但整個產業鏈是不是都需要有呢?現今全球的企業分工不是越來越細了嗎?結果就是(如圖1-2所示):

(1)種蛋採購、小雞孵化:不加投入、自謀發展。

(2)飼養成雞、雞肉銷售:增加投入、大力發展。

(3)屠宰工廠:挖掘潛力、提升效率。

(4)終端品牌:業務出售、加速退出(沒算帳不知道,一算帳年年虧損)。

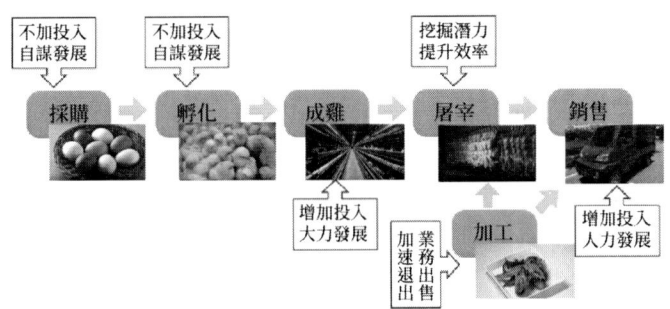

圖 1-2 策略整理

【組織劃分】

所謂組織劃分,就是把整個公司劃分為若干個可以獨立核算的團隊,每個團隊就是一個「阿米巴」。一個大阿米巴又

第一章 阿米巴經營模式：打造靈活高效的企業管理體系

可以按層級往下分為二級阿米巴、三級阿米巴……這是導入阿米巴模式的第一步。

我在《阿米巴組織劃分》等書中特別強調過：阿米巴組織劃分的最佳效果，往往來自組織重組，然後在新組織架構下，進行阿米巴劃分。這也是我們為若干企業輔導實施阿米巴經營模式的經驗總結。這家公司也不例外，我們的顧問在深度調查、研究時，發現組織體系的問題很大，已經很明顯地制約了生產力的發展，於是我們便將組織架構進行重組，如圖 1-3 所示。

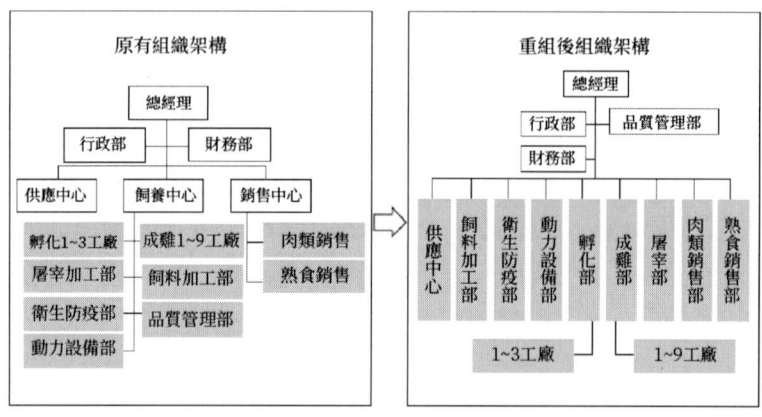

圖 1-3 組織重組與阿米巴劃分

從圖 1-3 中，可以看出組織架構重組前、後的變化，主要歸納為以下三點：

(1) 職能化。

將不能或暫時不想進行內部交易、獨立核算的品質管制部列為職能部門。

(2)扁平化。

圖 1-3 已經展示得很清楚了，不再贅述。

有一次我用這個 PPT 在為講課時，有個學員問我：「我記得《組織行為學》上說過，一個上級通常能管理七、八個部屬，而你的這個組織架構圖上，這位總經理直轄的部屬有 12 個之多，這怎麼解釋？」

我說，一位年輕的媽媽同時帶兩個孩子就忙得不可開交，因為要負責他們的食衣住行，小孩還經常爭吵、打架，媽媽需要勸阻、協調。可是等孩子大了，媽媽還會為兩個孩子忙得不可開交嗎？部門之間以前的爭吵、協調已經由內部交易的市場機制解決，還需要管理者協調嗎？這就是阿米巴組織優於傳統組織之處。

(3)拆分化。

把飼養中心拆分、把銷售中心拆分。這裡我簡單把銷售中心拆分的理由說明一下。

雖然都是銷售，但銷售雞肉和銷售熟食完全是兩碼事。前者只是一般的食材供應商，冷凍後以賣給批發商為主，也有直接供貨給 B 端客戶的，如酒店、餐廳、超市等；後者則主要面對 C 端客戶，還需要做一定促銷、廣告等。因此兩者

第一章 阿米巴經營模式：打造靈活高效的企業管理體系

的銷售對象不同、銷售管道不同、銷售方式不同、銷售技巧不同，把他們放在同一個領導者下，肯定會有顧此失彼的現象，還不如各自拆分開來。

【內部交易】

稻盛和夫把這部分稱為「經營會計」。我在講課和做諮詢專案時，發現很多人對「會計」、「財務」這類字眼不太喜歡，因為自己不懂財務，對數字也不敏感。那我就給大家一個名詞吧：核算規則。

我把核算規則（經營會計）的具體工作歸納為七個部分，這部分的內容在《阿米巴經營會計》中有非常詳細的介紹，這裡只以「內部定價」為例加以說明（見圖1-4）。

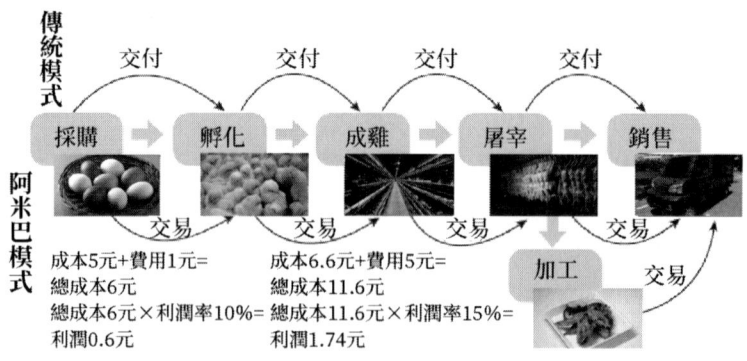

圖1-4 內部定價

第一節　阿米巴經營模式的核心概念與原則

如圖 1-4 所示，假如市面上的種蛋是 5 元 / 個，而採購費用需要 1 元 / 個，那麼，平均每個種蛋的總成本就是：

成本 5 元 + 費用 1 元 =6 元 / 個

如果公司規定採購部不留利潤，那麼採購部就以 6 元 / 個的價格賣給孵化部。

如果公司規定採購部需要有 10% 的利潤，即 0.6 元 / 個，採購部銷售種蛋給孵化部的價格就是：

總成本 6 元 + 利潤 0.6 元 =6.6 元 / 個

孵小雞的部門，買來的種蛋是 3 元，如果每孵一隻小雞的成本費用是 2 元，那麼就是 5 元。在不加利潤的情況下，就以 5 元 / 隻的價格賣給飼養成雞的部門。

飼養成雞的部門，要加上飼料、防疫、分攤、折舊等成本費用，比如是 30 元，30 元加上以前的 5 元，就是 35 元。

假如過了 4 個月，飼養成雞的標準是 3.5 斤，那剛好一斤雞肉的成本就是 10 元。再加上屠宰費用，假如一斤雞肉加 1 元，那一斤雞肉的成本就是 11 元。

屠宰部門以一斤雞肉 11 元的價格賣給銷售部，銷售部門再加上適當的價格，賣給消費者或客戶。

這就是阿米巴模式的第二步——內部定價，進行交易。

第一章 阿米巴經營模式：打造靈活高效的企業管理體系

【導入競爭】

阿米巴運行到一定程度後，必須導入競爭機制，方能發揮其最大效用，否則就會有老闆抱怨：「阿米巴言過其實，實施之後並沒有明顯地改善經營業績！」事實上，是我們沒有好好使用阿米巴模式，不是它的效用值得懷疑。

那麼如何導入競爭呢？如圖 1-5 所示。

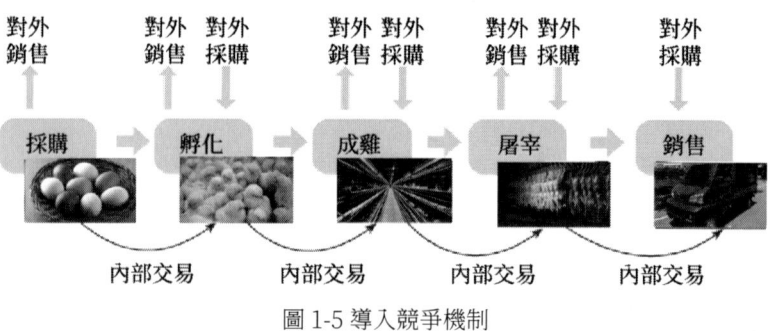

圖 1-5 導入競爭機制

整個價值鏈中第一個環節的競爭：種蛋 vs 孵化

採購部買回來的種蛋，除了銷售給公司內部的孵化部門（多個工廠）以外，還可以對外銷售。

孵化部門可以從公司採購部門購買種蛋，也可以對外購買種蛋。

反過來，採購部可以選擇是否將種蛋賣給孵化部門。

第一節　阿米巴經營模式的核心概念與原則

整個價值鏈中第二個環節的競爭：孵化 vs 成雞

孵化出來的小雞，一部分銷售給公司內部的成雞部門（多個工廠），另一部分可以對外銷售。

成雞部門可以對內採購孵化部門的小雞，也可以對外採購小雞。

反過來也一樣，孵化部門可以賣給成雞部門，也可以不賣給他們。

……

後面的各個環節也是諸如此類的競爭機制。

為什麼要導入競爭機制呢？

我們知道，從交付到交易，就是從「我做了」到「我做成了」的轉變，也就是從「關注過程」到「關注結果」的轉變。

以前各部門都是為老闆工作，現在不是了，轉變成各個部門為各自的下游客戶工作。老闆很容易被上下游聯合起來欺騙，因為老闆怎麼可能知道那麼多細節？現在不一樣了，上下游是買賣關係，如果下游購買了上游不好的產品或服務，就要自己承擔後果，沒有人願意這麼做。比如你孵化的小雞一看就病懨懨的，成雞部門才不要呢！否則存活率低，我的成本就變大了，會導致我這個巴虧損。一虧損，自己的薪水、獎金、分紅肯定會受影響！這時成雞部門就會考慮購買外部的小雞了。

所以，導入競爭機制會提升公司內部各個部門的產品品質和服務態度，從而增加公司整體的競爭力，必然會促使各個阿米巴關注利潤。

第三步，就是員工的報酬不是老闆發的，而是透過交易自己的服務或產品而獲得的。

這家公司導入阿米巴經營模式後，內部的推諉大為減少。對飼養成雞的部門來說，如果你覺得這個小雞孵得不好，那你可以去外面採購。對孵小雞的部門來說，如果飼養成雞的部門給的價格太低，那你就可以把小雞對外銷售。這樣一來，整個公司內部的價值鏈就貫穿起來了，加上外部的競爭，會大大提升內部競爭力。

後來，這個孵小雞的部門對外的銷售業績很好，這個負責人就對老闆說：「我們能不能再開一條生產線？因為我對外的銷售越來越多了。」老闆說：「可以，我們合夥，你出一部分錢，我出一部分錢，透過合夥制的模式，增加另外一條生產線，進行規模化的孵小雞。」

這家飼養公司導入阿米巴經營模式後，公司收入提升是非常明顯的。透過經營數據，它的銷售收入年增成長達2.59倍，即成長了159％；利潤成長將近3倍。由於以前很多閒置人員都被裁減了，公司成本也減少了，從而增加很多收入，固定成本的費用分攤也就降低了，阿米巴經營的效果非常顯著。

第一節　阿米巴經營模式的核心概念與原則

【創造高收益】

透過上面飼養成雞的案例,我們可看出阿米巴「分、算、獎」模式帶來很大的收益(見圖1-6)。

圖1-6 阿米巴帶來的收益

第一,公司很多部門都對利潤負責。如果一家公司有很多個部門、很多人都對利潤負責,那就會減輕老闆對利潤負責的壓力。比如孵小雞的部門,以前浪費了很多雞蛋,浪費就浪費吧!大不了績效考核不合格,只會被扣一些薪水。也就是說,企業從員工身上因為績效考核而減少的薪水支出,當然遠遠不夠彌補員工沒有做好工作所帶來的損失。導入阿米巴經營模式後,更多人負責利潤,其實是可以解放老闆的。

第二,實行市場機制,減少推諉現象。比如在正常情況下,100顆雞蛋可以孵出95隻小雞。那萬一沒有孵出這麼

第一章 阿米巴經營模式：打造靈活高效的企業管理體系

多小雞呢？到底是雞蛋的問題，還是孵小雞的問題？這很難判斷清楚。而實行市場機制後，公司各部門相互進行定價交易，就會減少推諉現象。

第三，價值交換，各賺報酬。孵小雞的部門，只有孵出小雞，然後賣給飼養成雞的部門，才能獲得報酬，包括固定費用的分攤，以及員工的收入。

第四，多品行銷，增加收入。銷售部門以前只銷售雞肉和加工雞肉食品，現在可以賣雞蛋、賣小雞、賣成雞、賣雞肉，也可以賣加工產品等。屠宰部門不僅負責公司內部的屠宰成雞業務，也可以對外接單，這無疑將增加部門的收入。當然要注意的是，公司各部門進行多品行銷，必須是在同一個價值鏈裡。如果今天養雞，明天卻去養豬，那就不是同一個價值鏈。

第五，引入競爭，強化各「巴」。對飼養成雞的部門來說，如果你覺得孵化部門的小雞又貴又不好，不容易飼養成雞，那你可以對外採購。在這種內外部的競爭壓力下，孵化小雞的部門不敢再像以前一樣懈怠，必須認真地工作，把健康的小雞提供給飼養成雞的部門。否則，飼養成雞的部門就可以不買你的種雞，那就意味著孵化小雞的部門將面臨很大的經營壓力。

第六，培養人才，讓人人成為經營者。其實培養一個經

營性人才,比培養一個管理人才難得多。管理人才,主要是把工作做得更有效能,關注的是正確地做事。而經營性人才,關注的是做正確的事。這是有一定差別的。

【阿米巴核心工作】

透過上面飼養成雞的案例,總結出阿米巴的核心工作內容(見圖1-7)。

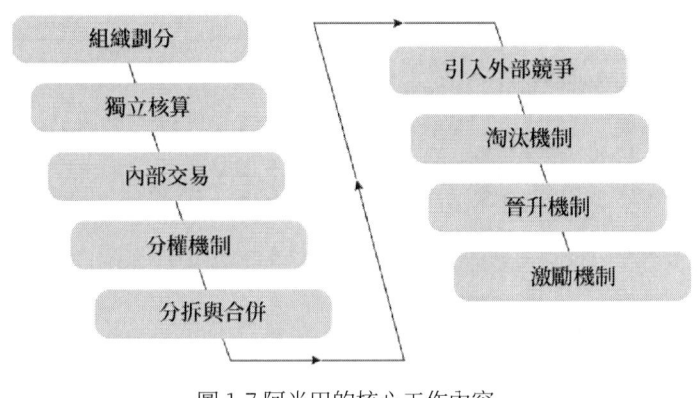

圖1-7 阿米巴的核心工作內容

第一,組織劃分。即把一個大的組織分成若干個小的組織。

第二,獨立核算。每一個組織都獨立核算,例如:採購部對內銷售多少,對外銷售多少;孵小雞的部門對內銷售多少,對外銷售多少;成本是多少,費用是多少,損益是多

少……等等。每個部門獨立核算成本和收益。

第三，內部交易，進行定價。採購部門憑什麼說一顆雞蛋是 2 元，然後要加上 1 元的費用，你得有個計算法，才能定價。

第四，分權機制，把權力賦予部門。比如孵小雞的部門，成立阿米巴後，發現不需要這麼多人，人浮於事，這時你有權力精減人員了。

第五，分拆與合併。比如企業新成立了一個孵小雞的部門，這個部門現在有 6 個工廠，如果哪個工廠的成本過高，導致這個工廠虧損，就可由那個業績好的工廠去併購這個做得不好的工廠。而工廠負責人，以前負責分管一個工廠，現在可以管理兩個工廠，也就意味著這個工廠負責人有兩部分的收入了。

第六，引入外部競爭，這是阿米巴經營模式中很重要的一部分。對孵小雞部門來說，你可以採購公司內部的種蛋，也可以到外面採購；對飼養成雞的部門來說，你可以在公司內部購買小雞，也可以購買外面的小雞。這就引入了外部競爭。

第七，淘汰機制。不管是個人還是「巴」，如果經營不善，就會被淘汰。

第八，晉升機制。對阿米巴經營者來說，以前你分管一

個工廠,現在管理兩個工廠,你自然就晉升為一個大「巴」的管理者了。

第九,激勵機制。以前在公司,不管你是工廠主任,還是普通工人,都由公司老闆來發薪水,現在就不一樣了,你是透過交易來獲得收入,你交易得越多,就賺得越多。

整體來說,阿米巴經營模式是一種很好的經營模式,這是不容懷疑的,關鍵在於,不同企業根據不同的特點來針對性地制定方案,這樣才能使阿米巴經營在更多企業裡落地生根。

第一章　阿米巴經營模式：打造靈活高效的企業管理體系

第二節　組織劃分：
如何建立獨立經營單元

中華式阿米巴包括哪幾個部分呢？簡單歸納，即分、算、獎。分，就是把公司分成若干個獨立核算的經營團隊；算，就是團隊之間透過內部定價進行內部交易；獎，就是員工的薪水、獎金，甚至股權，完全來自本團隊。中華式阿米巴與稻盛式阿米巴包含的內容，如圖1-8所示。

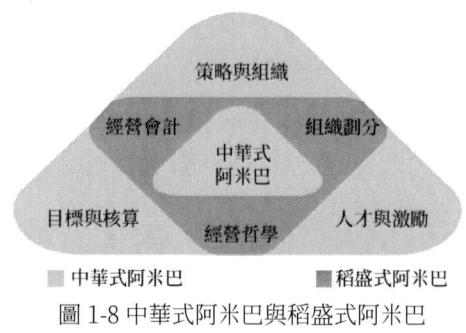

圖1-8 中華式阿米巴與稻盛式阿米巴

從模組上來說，稻盛和夫的日式阿米巴，主要包括經營哲學、組織劃分和經營會計。中華式阿米巴在這個基礎上做了一些延伸。「分」包括策略與組織，「算」包括目標與核算，「獎」包括人才與激勵。

「分」又包括若干個模組，來適應不同的企業需求，比如策略管理、商業模式、集團管控、流程最佳化等。不同的模

第二節　組織劃分：如何建立獨立經營單元

組，根據企業不同的情況、不同的需求做整合。這就是阿米巴的組成部分。

關於阿米巴組織劃分，筆者列舉一個例子來說明（見圖1-9）。這是一個現有的組織架構──一級阿米巴，本顧問團隊將傳統的組織架構改造成阿米巴組織架構。在阿米巴組織架構裡，有財務中心、人資中心、企管中心，有三個事業部，還有公共部門。

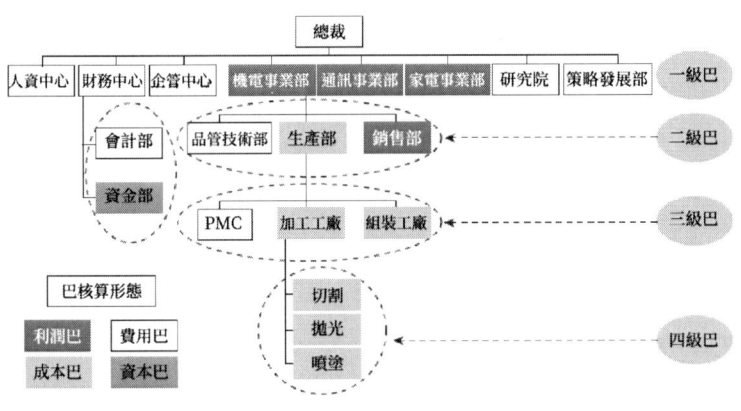

圖1-9 阿米巴組織劃分

三個事業部都是由生產部、銷售部、品管技術部組成，把品質和研發放在一起。生產部下面有兩個大的工廠，一個是加工工廠，另一個是組裝工廠。加工工廠又分為三個工程團隊：切割、拋光和噴塗。

三個事業部都是一級阿米巴，接下來生產部、銷售部、

第一章　阿米巴經營模式：打造靈活高效的企業管理體系

品管技術部是二級阿米巴，下面兩個工廠是三級阿米巴，再往下的工程團隊是四級阿米巴。這一級一級的，就像俄羅斯娃娃一樣。企業有三級阿米巴，就一定有二級阿米巴，但是有二級阿米巴，不一定有三級阿米巴。這是按照職能級別來劃分的，不是按照行政級別。這就是分巴。

阿米巴組織劃分有四種核算形態，即利潤型、資本型、成本型和費用型。比如資金部通常作為資本巴，資本巴就是投入產出。通俗來說，就是我給你資金，你去做資金運轉，然後給我報酬。利潤巴，總收入減總支出，剩下的就是利潤。成本巴就是在一個相對的標準下，去降低成本。例如企業做這個產品的標準成本是20元，你在這個標準下降成本，就叫成本巴。費用巴主要是費用預算，例如文書、行政等部門，定職位、定編、定薪、定費，用多少資金，發多少薪水，做多少事。

第三節
會計核算：精細化管理與內部交易機制

　　經營會計主要有七個工作，我們以一個案例來說明。一家公司的加工工廠有三個大的工程團隊：切割、磨光和噴塗。切割工程團隊要定價，然後賣給磨光工程團隊；磨光做好之後，再定價賣給噴塗工程團隊。為什麼要定價呢？切割工程團隊切錯材料，有所損耗，誰該負責呢？以前是老闆負責，導入阿米巴經營模式後，就是切割工程團隊負責。磨光工程團隊也一樣，由機器磨光，磨壞了，損耗也很多。以前員工拿固定薪水，損耗都不影響收入；現在做交易定價，只有確保品質才能有更多收入。

　　加工工廠有工廠主任，還有其他人員，這些人員不屬於這三個工程團隊。假如切割工程團隊做好了產品，定價為 10 元 / 件賣給磨光工程團隊；磨光工程團隊核算費用之後，定價為 12 元 / 件賣給噴塗工程團隊；噴塗工程團隊核算費用後，定價為 15 元 / 件。加工工廠在不做利潤的情況下，定價為 17 元 / 件賣給組裝工廠。

　　然後，組裝工廠也有很多工作要做，有材料和人力費，因此，組裝工廠加上 20 元，還有其他各種費用，成本價為 50 元。

第一章　阿米巴經營模式：打造靈活高效的企業管理體系

組裝工廠上面是生產部，生產部還有各種工廠和人員，費用分攤下來，再加上 10 元，所以，生產部的定價為 60 元。假如生產部以 60 元的成本價賣給銷售部，那銷售部費用分攤下來，還要加上分攤費用、銷售費用、稅金等。由於生產部是沒有利潤的，那公司所有的利潤全部放在銷售部，因此銷售部就成為一個利潤巴，不僅要考量內部採購成本，還要考量公司的利潤、公共費用等，全都算進來，才能定出一個對外的價格。

這就是經營會計的路線圖。下面我們講解阿米巴會計核算的七個工作（見圖 1-10）。

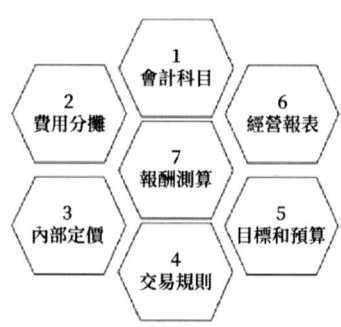

圖 1-10 經營會計的主要工作

一、會計科目

有收入項和支出項，要定義好哪些收入算你這個阿米巴的，哪些收入不算。企業要界定清楚，否則阿米巴最後的資

第三節　會計核算：精細化管理與內部交易機制

料是不準確的。資料不準確，最後跟員工的獎勵無法連結，企業就無法說清楚了。

例如：在阿米巴會計核算中，巴長計算，我們這個巴的獎金應該有 80 萬元；老闆計算，這個巴的獎金只有 20 萬元；財務部門計算，這個巴還要倒貼 30 萬元。這就有問題了，問題的根源在於第一步沒做好財務科目的界定，科目不清楚。

舉個例子。有一家鋼鐵企業，銷售部門的收入全部是預收款，然後把款項交給財務部門。我就問財務：「你用這個款項做投資，年化報酬率是多少？」財務說：「有時候高，有時候低。」

我說：「你告訴我最近三年平均年化報酬率是多少？」財務說：「最近三年的行情不太好，平均年化報酬率是 2%。」我說：「怎麼才 2%？放到銀行都不止啊！銀行還是無風險投資。」

然後我就再跟銷售部溝通：「財務部門做的投資現在只有 2% 的年化報酬率，公司如果要求銷售部的目標是 2.5%，你們能不能完成？」銷售部負責人說肯定能完成。銷售部門在業務開展的過程中，形成一個思維──不斷賺錢和創造利潤。

該公司的業務模式是：經銷商提前一個月把購買鋼材的款項全轉過來。於是，銷售人員就跟經銷商商量：「你們作為

經銷商,跟我們做生意有 10 年了,規模也很大。這樣子好不好?我們現在不收你一個月的全部預收款,只收你 50%,但是我們的鋼材漲價,在同等價值的基礎上,漲 5 個百分點。」

這個經銷商聽後十分開心,他相當於用現在資金的一半就能夠周轉,剩餘的資金可以拿去做其他生意。這個合作模式是雙贏的。

所以,導入阿米巴,必須把每一個巴的收入和支出的科目定義清楚。不僅收入如此,支出也是一樣。我們舉一個客戶案例說明。某公司人力資源部計劃到外縣市參加國際人才交流活動。總經理說一定要招幾個留學歸國的人才,因為他要拓展國外業務。以前招聘了好幾次,但都沒有找到合適的人選。總經理說,這次三方一起去,人力資源部負責初級的基本素養審核;用人部門做專業的人才評估;應聘者有什麼特殊待遇要求,由總經理當場定奪,這樣招聘效率更高,效果更好。

在支出方面,以前的招聘活動,人力資源部門有兩、三個人出差,一般選擇搭高鐵,住普通連鎖飯店,在招聘現場吃的是普通便當。但總經理去參加人才交流活動,費用支出就不一樣了。總經理不坐高鐵,他有司機,還要帶祕書。住宿也不住普通飯店,要住五星級酒店。吃飯的話,總經理也不可能吃便當,而是選擇在高級餐廳。總之,公司招聘活動

第三節　會計核算：精細化管理與內部交易機制

之後，這個祕書就拿著費用清單到財務部門去核銷，科目是招聘費用。但財務部門說：「既然是招聘費用，就要經過人力資源總監審核，你得找人力資源總監簽名。」

祕書說：「公司總經理都簽名了，還不行嗎？」

財務部門說：「公司內部有財務許可權，如果你填的科目是總經理辦公室費用，當然總經理簽名就可以了；如果是招聘費用，就需要人力資源總監的簽名。」

祕書找到人力資源總監，總監一看核銷單就傻眼了。總經理參加一次招聘活動，核銷費用就高達6萬多元。如果只是人力資源部門五個人的話，才5,000元。那這個費用該不該算招聘費用呢？

祕書說：「總經理去外縣市，是不是為了幫你們部門完成招聘任務呢？誰獲益，誰承擔，你們不是獲益了嗎？所以總經理產生的費用，不該由你們部門承擔嗎？」

這個人力資源總監哭笑不得，這樣下來，才兩個月就花光了人力資源部門半年以上的招聘費用。他後來找諮詢顧問，顧問認為總經理辦公室有做費用預算，那麼總經理的活動費用，就應該算入總經理辦公室，而不是招聘費用。儘管總經理這次出差是為了參加招聘活動，但這是總經理日常活動的費用，單獨有一個預算科目，那就不該算入招聘費用裡。總經理辦公室的費用是一家分攤到各個巴

所以，會計科目一定要分清楚，否則帳就算不清楚了。帳算不清楚，給員工的獎金也就會不清楚，阿米巴經營模式的激勵效果就會受影響。所以，會計科目是很重要的。

二、費用分攤

公司總部有些費用要分攤下去，該怎麼分？有人說按照營業額來分，按照利潤來分。從多個角度區分，這是可以的。比如保安部有保全人員，產生保全的費用等，那他們的費用分攤該怎麼做呢？一般來說，就按照成本巴和利潤巴的人頭數來分攤。那人力資源部如何分攤呢？也跟人數相關。員工數量多，人力資源部的工作就會多，那人力資源部的所有人員的薪水、保險、費用，就按照人頭數分攤下去。如果是招聘費用，可以不按每個巴的人頭數分攤，而是按照招聘需求的人數來分攤。所以，不同的財務科目，要做不同的分攤，不是一刀切。不同的科目，要找到費用分攤的合理點。這樣做，其實也是為了公平。要從不同的角度去分攤，這樣才比較合理。

也有人問我，這個費用能不能不分攤？因為各個巴的情況，它似乎也不可控。我認為可以不分攤。例如生產部把產品做好了，它並不是直接和銷售部形成交易。有的企業老闆不想讓銷售部知道生產到底是多少成本。生產部只是按照標

準成本的要求,不斷地降低成本,產品做好後,不會直接以這個成本價給銷售部,而是透過財務部,加了一個價格。相當於你的產品做好了,賣給公司,公司加了價,再賣給銷售部,銷售部再賣給客戶。這樣的話,銷售部交易的對象不是生產部,而是公司,而公司給銷售部的,也不是真實的成本價,而是另外一個價格。在這種情況下,由於一部分利潤留在公司總部,那公司總部的公共費用,就不一定要分攤了。

所以,不分攤可不可以?也可以。但如果下面的各個職能部門、各個巴都直接形成交易,公司總部的公共費用,就要分攤下去。不分攤下去,勢必會影響經營效果。有一家企業,由於公司總部的費用沒有分攤,銷售部接到製造部的成本價,如果產品的銷售不定價,它就沒有傳遞市場壓力。比如成本價100元,我們加上30%的毛利空間,就定價為130元,看起來加價很多,但事實上,減掉各種費用以後,可能至少要定價為135元,才能做到成本與利潤的平衡。所以,公司內部沒有分攤,就會導致銷售部的內部成本壓力不能有效地傳遞出去。

三、內部定價

內部定價,你有交易就一定要定價。定價的方法,筆者在《阿米巴經營會計》中講解得非常詳細。

內部定價對阿米巴經營模式來說，是一個至關重要的環節。沒有定價，就無法形成內部交易。稻盛和夫說過，買賣即經營。也就是說，你身為一個經營者，是不是具有經營的意識和能力？

培養巴長的經營能力，要從培養定價能力開始。定價的方向，主要有以下兩種：

一種是從外到內。例如：一款產品面臨白熱化的競爭，你做，別人也做，產品都差不多。那就是從外到內，由客戶來決定我們的價格。這種很多是競標的，特別是工業品、中間產品，沒有議價空間。

另一種是從內到外。針對終端商品，如果你有自己的管道、自己的品牌，就可以由你自己定價。所以，也不能說價格是市場定的，優秀產品是可以引導市場價格的，關鍵還是看品牌。當這個價格有議價空間時，我們一般採用從內到外的做法。這些都是定價的方向。

定價方法，主要有成本推算法、利潤逆演算法、收益切割法、市場參照法等。成本推算法，就是根據材料、人力等費用來定價。利潤逆演算法，主要是倒推的方法。收益切割法，主要根據歷史資料來測算，把毛利分成銷售部門和生產部門兩部分，比如把毛利的 70% 留給銷售部，30% 留給生產部。市場參照法，就是直接參照市場上同類產品的價格。

第三節　會計核算：精細化管理與內部交易機制

例如：有一家食品企業，是一家上市公司，主要做麵包的生產和銷售。在跟這家公司老闆交流時，我建議他暫時不要用市場倒推法，因為他們的產品競爭力很強，有議價能力，毛利空間也很大，不需要用市場倒推法，可以根據市場和產品競爭力來定價。

四、交易規則

有定價就一定要有交易規則。例如銷售部將 1,000 支筆的訂單給製造部門，20 元一支，前提是只有七天的交貨時間。這 20 元是定價，七天交貨的前提就是交易規則。如果你晚一天交貨，我就從 20 元裡扣 10%，就是扣了 2 元，這也是交易規則。如果客戶發現產品有品質問題，導致客戶被處罰、扣款，那我就在被客戶處罰的基礎上，再增加 50% 對你的懲罰。也就是客戶對我罰款 10 元，我要罰你 15 元。這都屬於交易規則。反之也一樣，你給我的訂單是 1,000 支筆，所以才一支筆 10 元。假如是 800 支筆呢？10 元的價格是無法生產的，材料和人力費肯定會上漲，一支筆的價格就漲到 11 元。這都屬於交易規則。

所以，不存在只有定價，沒有交易規則。反過來也一樣，也不存在只有交易規則，沒有定價。沒有差異，怎麼交易？

五、目標和預算

你這個阿米巴大概要做到什麼業績？如果是成本巴，你的標準成本是多少？你準備把成本降到多少？這是目標。如果是利潤巴，今年的利潤目標是多少？要把目標定出來。如果是資本巴，投資報酬是多少？這個很容易理解。本節詳細的內容，可參考《阿米巴經營會計》。

六、經營報表

阿米巴模式中每一個巴都有一份損益表，其模式見表1-1。以前是一家公司一份損益表，財務部做好帳表之後，提交給老闆看。老闆也不常看，有需求時，他就會問財務部門，例如公司的現金流怎麼樣？公司的市場覆蓋率怎麼樣……等。

一級科目	二級科目	三級科目	四級科目	預算金額	實際金額
A 收入 = A1+A2-A3	A1 外部收入				
	A2 內部收入				
	A3 內部購買				

第三節　會計核算：精細化管理與內部交易機制

一級科目	二級科目	三級科目	四級科目	預算金額	實際金額
B 支出＝B1+B2	B1 巴內支出	B11 固定成本	B111 廠房／設備／通風／照明……		
			B112 間接人員報酬／辦公費用……		
		B12 變動成本	B121 原材料／動力／包裝／運輸……		
			B122 直接人員報酬／銷售佣金……		
	B2 巴外分攤	B21 上級費用			
		B22 上級薪水			
C 附加價值＝A-B＝損益					
D 經營目標					

第一章 阿米巴經營模式：打造靈活高效的企業管理體系

一級科目	二級科目	三級科目	四級科目	預算金額	實際金額
E 達成比＝C/D					
F 總工時					

表 1-1 經營損益表

每個阿米巴都要做自己的損益表，阿米巴損益表很簡單，即使財務人員也能看得明白。何謂損益？就是收入部分減去支出部分。收入部分又包括外部收入、內部收入和內部購買。我們舉養雞企業的案例。採購部把雞蛋賣給公司內部，就稱為「內部收入」；採購部把雞蛋賣給外面的公司，就稱為「外部收入」。內部購買就是比如成雞賣 100 元，可是內部買進小雞時就花了 60 元，那商品的附加價值就是 40 元。如果不減掉內部採購的 60 元，那我的銷售額就是 100 元。很多阿米巴做報表時，單位劃分得越多，重複計算就越多。所以，內部收入、外部收入，如果不減掉內部採購的話，各巴的收入加起來就會很多，但實際收入沒有那麼多。如果扣減了內部採購，那就沒有那麼大的附加價值了。

支出分為兩個部分：巴外分攤和巴內支出。

巴外分攤：不是與你這個阿米巴團隊的經營活動直接相關、直接發生的，甚至屬於巴外的，比如財務、審計等產生的費用，叫巴外分攤。

第三節　會計核算：精細化管理與內部交易機制

巴內支出：可以細分為固定成本和變動成本。固定成本包括廠房、設備、通風、照明燈；間接人員報酬、辦公費用等。變動成本就跟你的產品和服務相關，包括原材料、包裝；直接人員報酬、銷售佣金等。

對於經營目標的達成，不是以這個損益來計算，而是看你有沒有達到預定目標。例如 A 巴去年利潤 100 萬元，今年利潤 120 萬元，那該不該發給這個巴獎金呢？但是這個巴的利潤目標是 150 萬元。那利潤為什麼低於目標呢？原因主要是擴大了市場費用的投放、加大了產品的開發。

所以，整個阿米巴經營的考核指標，是指實際與目標的對照，而不是以損益來計算的。

阿米巴報表一目了然，每個人都能理解。因為有這個報表，就能推動經營人員、管理人員改善經營、改善管理。例如有一家企業，在導入阿米巴經營之後，這個報表就有手機版和電腦版。手機版的表格資料是透過財務預先植入的，上面的金額能提醒員工怎麼去做改善經營。阿米巴報表就像開車的儀表板，是太快還是太慢，你得自我調節。阿米巴報表也像一根指揮棒，你關注什麼，什麼就成長得比較好。如果你不理利潤，不理進度，那麼利潤就變少了。

阿米巴報表真正的價值，就是要讓巴長、阿米巴成員根據這個報表努力工作。如果工作業績不理想，那也沒關係，

第一章　阿米巴經營模式：打造靈活高效的企業管理體系

我們進行經營分析，多問「為什麼」，就像蘇格拉底一樣，問來問去，道理就在你心中了。你已經知道怎麼做了，只是以前蒙蔽了，沒有注意到，無法讓你的能力發揮出來。

七、報酬測算

阿米巴經營會計的主要工作是為公司創造價值，創造收益。然後員工就會問：「如果我為公司創造更多價值，該怎麼獎勵？」所以，公司要做一個資料測算。資料測算需要財務部去做。

第四節
激勵機制：讓員工像老闆一樣思考

阿米巴「分、算、獎」，獎是激勵機制。傳統的激勵機制是公司規模大小、獲利多少，與我的收入無關。阿米巴激勵機制是本巴的規模大小、獲利多少，與我的收入息息相關。我的報酬是分到阿米巴裡面的，與個人的分紅關係不是很明顯，只有阿米巴團隊強大了，才能獲得超額獎勵。例如公司是一個一級阿米巴，銷售部門是二級阿米巴，那公司獲利了，就會把一部分利潤拿出來獎勵給你這個阿米巴團隊。當公司從 1 億元的業績，做到 5 億元業績時，利潤上漲了，超越目標，那你的收入變成：一，固定的薪水；二，銷售分紅獎金；三，超額利潤獎金。所以，公司的利潤與你個人的收入就有很大的關係。阿米巴成員可以享受到公司業績達 5 億元帶來的收益，那麼，員工就願意培養自己。這是阿米巴激勵機制與傳統激勵模式的最大差別。

阿米巴激勵機制的要素及概述，見表 1-2。

要素		簡要描述
薪水	總量	額定比例，節餘計入本巴利潤，巴員可分享
	增量	只有增加交易額才可能加薪水，比例沒增加
	關聯	總量、個量均與本巴收益相關，控制權下移
獎金	關聯	增加或超額獎金以巴為單位，亦可四邊關聯

第一章 阿米巴經營模式：打造靈活高效的企業管理體系

要素		簡要描述
股權	概述	來自本巴，可折算回歸總部
整體收益來源		擴大交易額，包括裂變、收購；降低成本

表 1-2 阿米巴激勵機制的要素及概述

你不要以為只是多加薪水就是激勵，激勵具有很多因素，要加薪水，加獎金，從哪裡來？這才對員工具有激勵作用。

傳統模式就是老闆發薪水，導致大家對薪水不滿，頻繁跳槽。現在的模式，交易產生收入，收入減去成本，才得到報酬。

阿米巴報酬的理想模式，就是把人力打包進去，買方購買時，是一個交易價格。賣方會分哪些是成本，哪些是費用，哪些是利潤。把材料費用和人力費用分開來，單獨把人力列出來，如圖 1-11 所示。

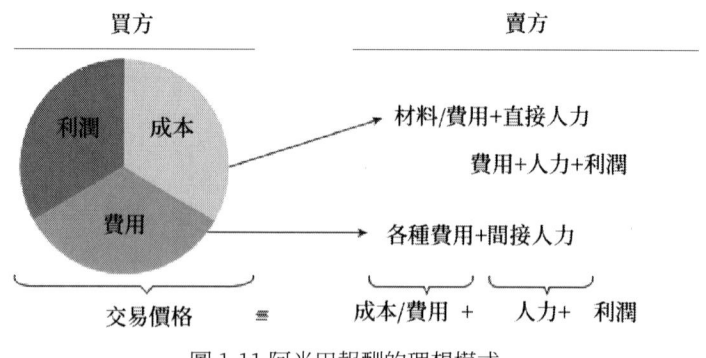

圖 1-11 阿米巴報酬的理想模式

> 第四節　激勵機制：讓員工像老闆一樣思考

在阿米巴報酬的理想模式，老闆是不需要發薪水的，每一個人的薪水都是自己發的。

第五節
阿米巴的收益與高效獲利的關鍵條件

阿米巴經營模式到底如何為企業帶來收益呢？我們透過前面這家飼養成雞的公司案例，總結出它主要是透過「分、算、獎」來實現高收益的。

一、阿米巴有哪些收益

實施阿米巴，有哪些收益呢？我們主要從四個方面來說明（見圖 1-12）。

```
從形式上來說：                                      從長期利益上來說：
各巴經營報表的推出                                  從機制上確保公司走向穩健發展
                      從短期利益上來說：            ◆ 經營環境，影響內部
                      費用降低、收入增加            ◆ 有起有落，坦然面對
                      ◆ 以終為始，關注結果          ◆ 機制保障，戰勝對手
◆ 劃小團隊，獨立核算  ◆ 圍繞經營，最佳化管理        ◆ 人才培養，基業長青
◆ 定價交易，落到金額  ◆ 聚眾智慧，開源節流
◆ 貢獻大小，一目了然  ◆ 養成習慣，思考對策
◆ 全員經營
                              從根本上來說：
                              員工經營意識提升
                              ◆ 投入產出意識
                              ◆ 經營風險意識
```

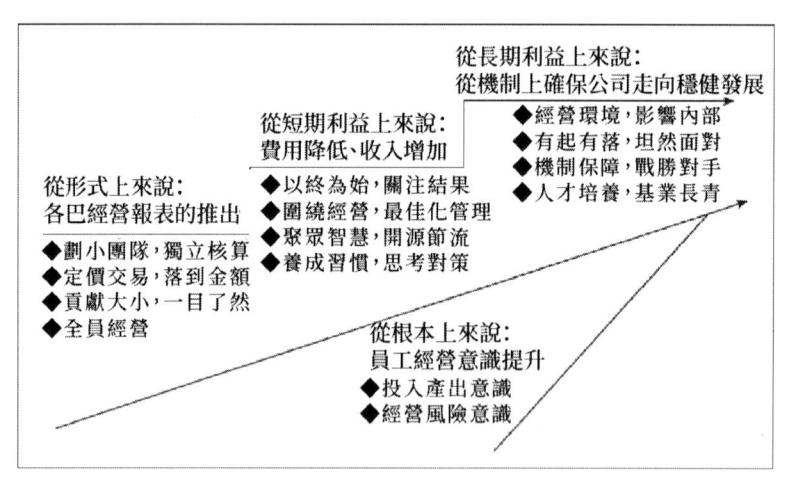

圖 1-12 阿米巴的收益

第五節　阿米巴的收益與高效獲利的關鍵條件

第一，從形式上來說，各巴經營報表的推出，產生了一定的收益。企業把組織體系進一步細分成核算團隊，然後權責明確，這本身就是對組織體系建設的一個貢獻。

另外，如果阿米巴的報表出來了，那麼，以報表為出發點做一些經營分析，讓更多員工從資料上明白哪裡做得好，哪裡做得不好。這本身也是一種收益。

第二，從短期利益上來說，實施阿米巴，能夠使費用降低、收入增加。分、算、獎的方案做好了，員工的積極度提高了，那麼，公司才有可能提升業績。再加上從公司層面改善經營（比如引進更好的設備技術、引進更好的產品等），更大的市場就來了，也提升了公司的收入。

第三，從長期利益上來說，從機制上確保公司走向穩健發展。分、算、獎模式最佳化組織架構，提升管理水準。企業透過組織許可權、流程最佳化，就算在短期內沒有展現出業績，也會更關注長遠的獲益預期改善，那也是一種收益。

第四，從根本上來說，員工經營意識提升。經營意識就是指算帳的意識和買賣的意識。經營能力分為兩個部分，一個是算帳的能力，另一個是買賣的能力。

所以，意識要與物質連結起來，這個意識才會變成可能的存在。否則，怎麼證明這些經營意識提升了呢？因此，經營者更加關注內部算帳，關注成本，關注利潤。如果允許對外經營的話，你的買賣是不是越來越多了？這是很重要的。

二、產生高收益的必要條件

為什麼阿米巴能產生高收益？有哪些必要條件呢？首先是符合規律，然後有科學的方法。就是整個道、法、術、器，必須是一個完整的系統，才能真正地產生高收益，如圖1-13所示。

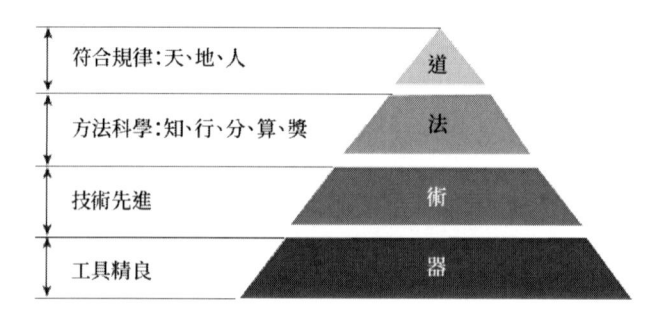

圖1-13 阿米巴產生高收益的必要條件

道，就是阿米巴符合天道、地道、人道。方法符合科學，軟性的經營哲學包括知、行，員工應該知道什麼，應該做什麼；實學包括分、算、獎。其他還有技術先進、工具精良等。在這裡，我們著重解釋「道」，如圖1-14所示。

道1：遵循天道：自然規律。

我們知道，一棵大樹如果枝繁葉茂，它一定是樹幹分支，枝再分支，分支裡面再分支，最後長出樹葉。很少有樹

第五節　阿米巴的收益與高效獲利的關鍵條件

幹沒有什麼枝葉,卻長得又高又茂盛。再說,僅僅是樹幹很粗,也不代表這個樹成長良好,還得要探究樹冠的問題。

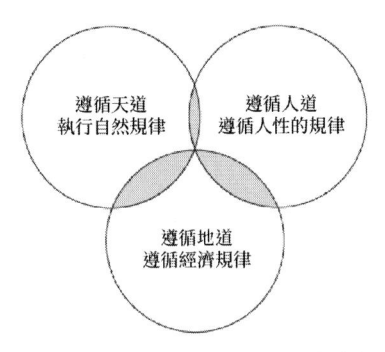

圖1-14 阿米巴符合規律:天道、地道和人道

阿米巴就像這棵大樹一樣,不斷開枝散葉,變得枝繁葉茂。企業也一樣,公司整體大的哲學方向,就好像樹幹,深層的理念屬於樹根,業務屬於樹冠,業務繁多又彼此關聯,那麼,這棵樹才會成長得好。

阿米巴與傳統的組織架構不一樣,傳統的組織架構靠老闆管理所有部門,但阿米巴是更多人都在當老闆、當經營者。所以一個企業想要有發展,想要有競爭力,還是要不斷地去分支。

道2:遵循地道:經濟規律(見圖1-15)。

所謂地道,就是經濟規律。我們都知道,企業最終需要將產品或服務賣向市場,才得以生存和發展。也就是企業在

第一章 阿米巴經營模式：打造靈活高效的企業管理體系

面對外部時，它是市場化的。如果我們面對外部是市場化，而內部全是行政化，就會失去生命力。

因此，在經濟規律上，我們要將外部的市場化適當地導入內部。回到剛才那個飼養公司的案例，如果你的小雞孵得不好，或不夠健康，那我就會去外面買。這就推動每一個部門都要提升競爭力。

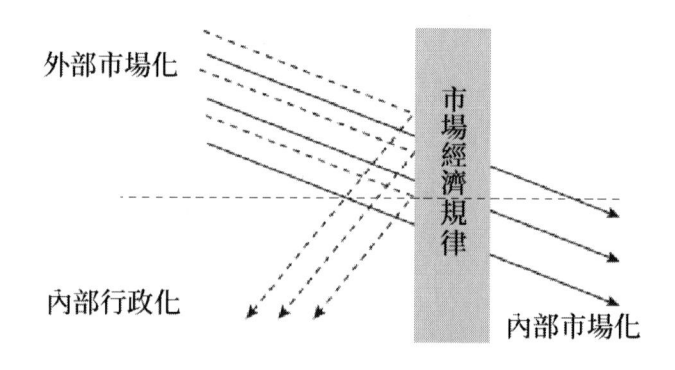

圖 1-15 遵循地道 —— 經濟規律

阿米巴就是這樣，銷售部門從外面拿訂單回來，內部的生產、採購、研發、品質等部門，也盡可能地形成內部市場化。不能內部市場化的部門，才能行政化。

道 3：遵循人道：人性規律（見圖 1-16）。

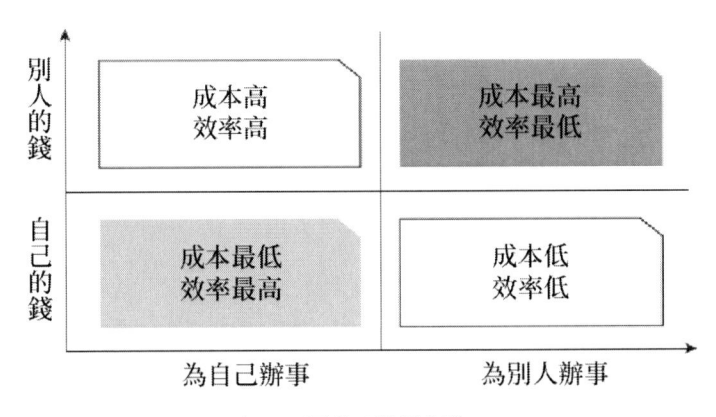

第五節　阿米巴的收益與高效獲利的關鍵條件

	為自己辦事	為別人辦事
別人的錢	成本高 效率高	成本最高 效率最低
自己的錢	成本最低 效率最高	成本低 效率低

圖 1-16 阿米巴遵循人道

遵循人道，也就是人性的規律。那人性規律是怎麼樣呢？人只有用自己的錢去辦自己的事，才會成本最低、效率最高。相反地，用別人的錢為別人做事，往往是成本最高、效率最低的。導入阿米巴經營模式後，讓更多員工都在為自己做事，而你每花的一分錢，都會影響這個「巴」的收益，從而也會影響每一個員工的收入。

所以，導入阿米巴經營模式，是遵循天道、遵循地道、遵循人道的，這也是阿米巴獲得高收益的原因。

第一章　阿米巴經營模式：打造靈活高效的企業管理體系

本章總結

- 「阿米巴經營模式」這個概念，它的核心內容就是「劃小核算團隊、團隊獨立核算；實施內部定價、進行內部交易」。
- 阿米巴經營模式是一種良好的經營模式，這是不容懷疑的，關鍵在於不同的企業根據不同的特點來針對性地制定方案，這樣才能使阿米巴經營在更多企業落地生根。
- 阿米巴的組成部分，包括：分、算、獎。分，就是把公司分成若干個獨立核算的經營團隊；算，就是團隊之間透過內部定價進行內部交易；獎，就是員工的薪水、獎金，甚至股權，完全來自本團隊。
- 因為社會環境的不同、發展階段的不同、管理基礎的不同，導致中華企業和日本企業在實施阿米巴的側重點不太一樣。
- 導入阿米巴經營模式，是遵循天道、遵循地道、遵循人道的，這也是阿米巴獲得高收益的原因。

第二章
合夥制：讓企業與員工共創共享

合夥人分為有限合夥人和普通合夥人兩種。

作為企業內部管理的一種合夥機制，就不必像合夥企業那麼麻煩了，大家透過一個制度來約定遊戲規則就可以了，想怎麼做就怎麼做，只要大家簽名、畫押、蓋章、按手印表示認可就可以了。

正因這種合夥機制操作簡單又行之有效，對合夥人產生激勵作用，所以在企業管理中應用廣泛。

如果把合夥機制延伸到組合外部資源，比如供應商、經銷商、消費者等，一般就需要去登記。股份公司、有限公司、合夥企業，從某種意義上來說，也是一種合夥機制。

第二章　合夥制：讓企業與員工共創共享

第一節
合夥制的發展背景與趨勢

　　合夥制不是一個新名詞，在古代就有類似的做法，典型的就有大家熟悉的花木蘭從軍。

　　花木蘭是南北朝時期一個傳說色彩非常濃厚的巾幗英雄，她在從軍前要買馬、買鞍、買弓箭、買鎧甲等。

　　在北魏時期，士兵去打仗，基本裝備都要自己準備。打勝仗之後，再把獲得的戰利品，按個人的戰功和個人出資的部分分配。有錢人，出征前就可以買三匹或五匹馬；那沒錢的人呢？他可能什麼都不買。

　　軍隊有了戰利品以後，比如 60％根據個人的戰功分配，40％按個人出資額分配。有人可能出資較多，但戰功未必卓著，分配就少；有人打仗很厲害，他個人的戰功卓越，戰利品分配的就會比較多。

　　其實這也是一種合夥制的方式。有錢的出錢，有力的出力；錢多的多出，錢少的少出。分配的時候，根據不同的角度來分：出力，分多少；出資，分多少。合夥制的出資和分配，如圖 2-1 所示。

　　現實中這種事例也非常多，筆者就遇過一個案例。

第一節　合夥制的發展背景與趨勢

```
┌─────────────────┐         ┌─────────────────────┐
│      出資       │         │        分配         │
│        ▼        │  ⟷     │          ▼          │
│ 有錢的出錢,有力的出力; │         │ 根據不同的面向來分:出 │
│ 錢多的多出,錢少的少出 │         │ 力,分多少;出資,分多少 │
└─────────────────┘         └─────────────────────┘
```

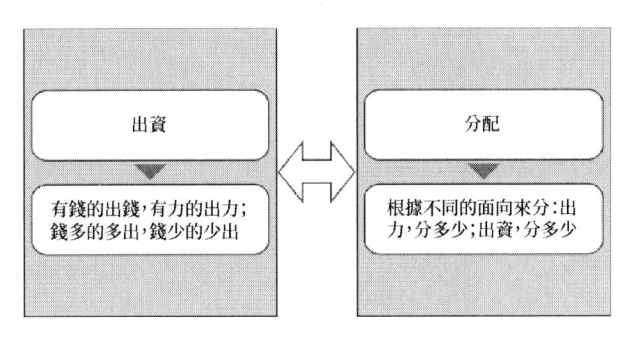

圖 2-1 合夥制的出資和分配

案例

有一家企業老闆，他把同行的一個行銷副總經理挖過來，委任為公司行銷負責人。這個行銷負責人首先進行一番調查、研究，然後跟老闆匯報：「你看同行有 40 多億元的銷售額，我們只有 8 億元的銷售額，顯然還有很大的提升空間。但如果想要銷售收入快速成長，必須加大各方面的投入。比如業務人員要增加、廣告費用要增加、客戶的折扣要增加⋯⋯等等。」

老闆一聽，心想：「哇！要投入這麼多？但我的投入是不是真的會有收益呢？」因為市場性的投入是不是有收益，只能預估，老闆很猶豫，一直拖延。

半年以後，這個行銷負責人就辭職了，因為他跟老闆在經營管理的理念上不合。

059

第二章　合夥制：讓企業與員工共創共享

兩位高階管理人員為什麼合不來呢？原因之一是這樣的。老闆心想：「哇！我高薪請你過來，半年下來，好像你也沒有什麼動作。從事實的資料來看，銷售業績也沒有見到成長。」而行銷負責人心想：「我又不是神仙，靠我一個人，怎麼可能帶來多大的業績呢？還是要增加一些資源嘛！」所以兩人就不歡而散了。

我們反過來想，如果引進高階管理人員時，他就是一個合夥人，他也出了錢。那老闆就敢大膽地答應這位行銷負責人提出的資源投入要求，因為這裡有你的出資，要虧你也虧，要贏你也會贏。雖然個人出資比重不大，占公司的整個投入不多，但不一定出的錢少就不心疼，而要看他出資的部分占個人擁有的部分的比例。

後來，顧問就向這位老闆提出建議，如果計劃引進高階管理人員，最好採用合夥制的方式。這樣高階管理人員也會全心全意地來這裡工作；你對管理者的授權也可以更加準確。否則的話，你又要馬兒好，又要馬兒不吃草。你挖了一個高階管理人員，他又不是神仙，也沒有點石成金的能力。這是一個很現實的問題。

為什麼要實施合夥制？總結起來有兩方面的原因，如圖2-2所示。

第一，中華文化的影響。所謂「寧為雞口，不為牛後」。

第一節　合夥制的發展背景與趨勢

因為「雞口」所獲得的收益比「牛後」要多得多。在古代，封建制度等級森嚴，比如從周天子到諸侯、到大夫，每一階層的利益是相差很大的。

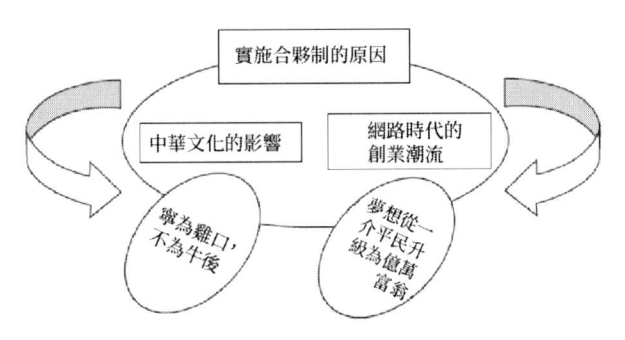

圖 2-2 實施合夥制的原因

這種傳統文化其實也影響了很多專業經理人。他們一有機會就寧可自己創業，也不願在別人的公司裡工作。如果企業不實施合夥制，人才流失的狀況會非常嚴重。

第二，網路時代的創業潮流。在網路時代，創業形成一股熱潮。很多抓住這股潮流的成功創業者，在公司上市之後，可以一夜之間升級為億萬富翁。所以很多高階管理人員寧可辭職開一家網路商店，也不願意在企業裡面工作，當專業經理人。年輕世代就更不用說了，自己開一家小網路商店，一個月的收入不管多少，至少時間是自由的。所以，在網路時代，如果你不跟他合夥，人才就很容易流失。

總而言之，筆者認為「經理人不再，合夥人到來」。

第二章　合夥制：讓企業與員工共創共享

第二節
什麼是合夥制？解析核心機制與運作方式

關於合夥制，筆者根據做管理諮詢專案的經驗，總結出兩句話：出錢多，不一定股份多；股份多，不一定分紅多。合夥制的相關概念，如圖 2-3 所示。

```
                    ┌─ 一類是普通合夥企業，由2人以上的
           ┌ 合夥企業 ┤  合夥人組成
           │        └─ 另一類是有限合夥企業，由2人以上、
           │           50人以下組成的合夥企業
  合夥制 ──┤
           │        ┌─ 普通合夥人，需要對企業承擔無限連
           │        │  帶責任
           └ 合夥人 ─┤
                    └─ 有限合夥人，只承擔出資部分的等比
                       例責任，承擔的責任是有限度的
```

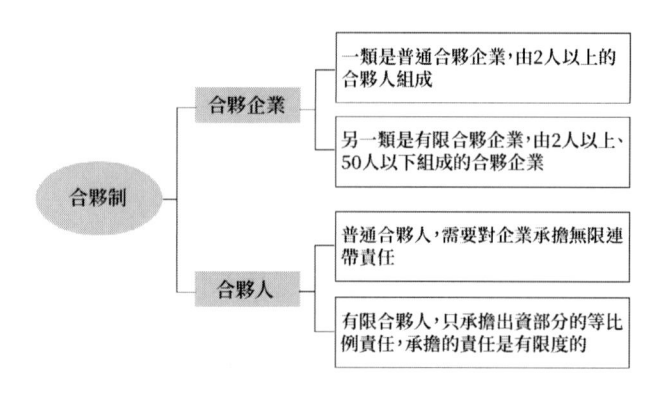

圖 2-3 合夥制的概念

什麼是合夥企業？從法律上來說，合夥企業即由合夥人共同訂立協議，共同出資、共同經營、共同分享，也共同承擔風險的企業，而且這個合夥企業的債務是由合夥人承擔無限連帶責任的。

合夥企業分為兩大類，一類是普通合夥企業，另一類是有限合夥企業。

第二節　什麼是合夥制？解析核心機制與運作方式

普通合夥企業就是由兩個以上的合夥人組成，合夥人對這個企業的債務承擔無限責任。普通合夥企業裡有一種特殊的類型，就是在所有合夥人裡，由一個或幾個合夥人承擔無限連帶責任，其他合夥人只要根據出資的比例，為企業承擔相應的責任就可以。

有限合夥企業是由兩人以上、50人以下組成的合夥企業。

合夥人分為兩類，一類是普通合夥人，另一類是有限合夥人。

普通合夥人需要對企業承擔無限連帶責任。例如：小強出資80萬元與小平登記合夥企業，總共投資了120萬元，結果虧了65萬元。供應商貨款沒付，員工薪水沒發。小強自己的車子值35萬元，房子值800萬元，全部賣了，發了薪水、還了貨款，剩下的才是自己的。普通合夥人權力大，責任也大。

有限合夥人只承擔他出資的部分債務。我們接著看上面的例子，小平出資40萬元與小強登記合夥企業做生意，結果還虧了65萬元。小平不用賠，但這40萬元也收不回來了。小平就是有限合夥人，承擔失敗的責任是有限度的。

合夥制包含五大核心內容（見圖2-4）：①建立合夥平臺；②組建合夥團隊；③締約合夥機制；④塑造合夥意識；⑤增加合夥價值。

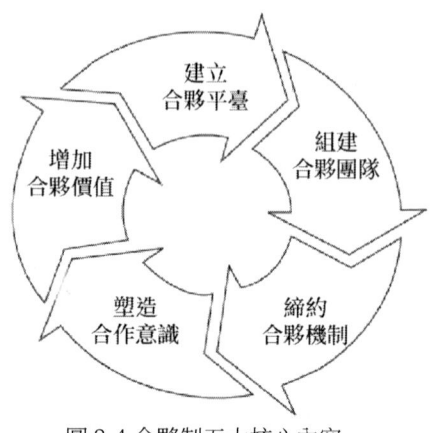

第二章　合夥制：讓企業與員工共創共享

圖 2-4 合夥制五大核心內容

（圖中文字：建立合夥平臺、組建合夥團隊、締約合夥機制、塑造合作意識、增加合夥價值）

　　合夥制，更展現合夥人的責任和權利。合夥制並不一定要形成一個嚴密的組織，比如說不一定要登記成立合夥企業，幾個人做事，內部形成規則就可以了。像專案合夥制、阿米巴合夥制、事業合夥制，不一定要登記，內部簽一個合夥協議或制定制度就可以了。

　　胡八一觀點：出錢多，不一定股份多；股份多，不一定分紅多。

第三節
為何企業需要導入合夥制？

為何需要合夥制,主要有三個原因:人性的需求、時代的需求和競爭的需求,如圖 2-5 所示。

```
為何需要     人性的需求:更多的是自我實現的需求
合夥制
             時代的需求:網路激發創業熱情

             競爭的需求:這個時代的競爭是多元的競爭
```

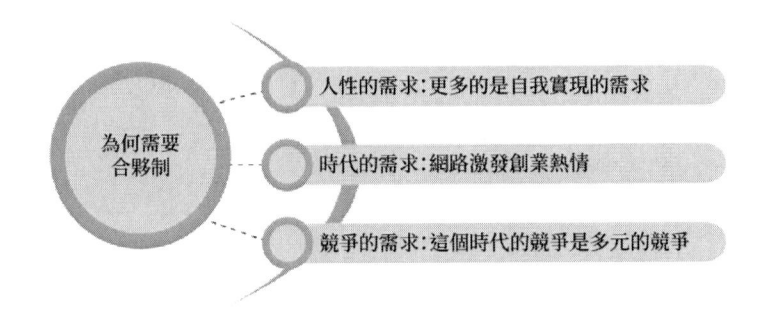

圖 2-5 為何需要合夥制

第一,人性的需求。當今社會,很多人的基本生存和安全需求已經滿足了,就可能直接跳到自我實現的需求。我的地盤我做主,不喜歡被約束。

人最喜歡按照自己的意志行事,可是你要自由行事,如果不能為公司帶來價值,甚至是帶來負面影響,誰該負責?不能要自由卻不負責任。所以你也出錢,一起承擔經營風險,這就符合共同的利益了。

針對現代人自我實現的需求,大家都出點錢,同時又出

力來工作。企業老闆身為大股東，就可以充分授權給合夥人了，這樣對雙方都好。

第二，時代的需求。網路時代帶來一個很典型的特點，就是凡事都碎片化了。其實在企業經營裡，也有這個需求，這是整個時代的需求。

例如做服裝生產的企業，以前可能從布匹的採購、裁剪、縫紉、整燙等，都由同一家企業完成。現在可能不一樣了，也許裁剪由某個企業完成，而縫紉、縫接就可能外包到若干個家庭作坊，甚至更小的私人企業裡，這就導致業務碎片化了。

在企業內部也是這樣。我們可以把一個大公司劃分為若干個獨立核算的小團隊，然後內部實行定價交易，也讓更多員工去創業。反正現在創業的機會很多，如果公司內部不能提供創業的機會，員工就會去外面創業。而員工在公司內部創業，就要拿出本錢、拿出時間、拿出你的本事。

第三，競爭的需求。以前，往往老闆一個人的業務就能養活一間公司。因為他只要透過某種關係，拿到訂單，那就足夠公司生產了。

但現在不一樣了，現在的競爭是多元的。不能光靠老闆拉動整個公司，需要大家一起努力經營。不再像以前那樣，老闆在經營，其他人都在管理、在工作。

第三節　為何企業需要導入合夥制？

　　阿米巴經營模式是把盈利的責任分到多個阿米巴裡面，分到多個人身上。就像以前的火車，它完全靠火車頭在拉動車廂，所以速度很慢，因為動力有限。而現在的高鐵，它行駛的動力是分散在每一節車廂上的，所以高鐵的速度很快。

　　假如我們把企業經營的動力看作利潤和分配機制，那麼把創造利潤、創造價值和分配利潤、分配價值的責任，也不斷地細分到若干人身上、若干個阿米巴裡，企業就能跑得更快、更富有競爭力。

第二章 合夥制：讓企業與員工共創共享

第四節
合夥制如何最大化企業效能與競爭力？

合夥制是在經營管理中最能產生效能的。我們打個比方，土地加鋼筋加水泥，等於高樓大廈，等於百年基業。其實企業也一樣，筆者認為平臺化＋阿米巴＋合夥制等於百年企業，如圖 2-6 所示。

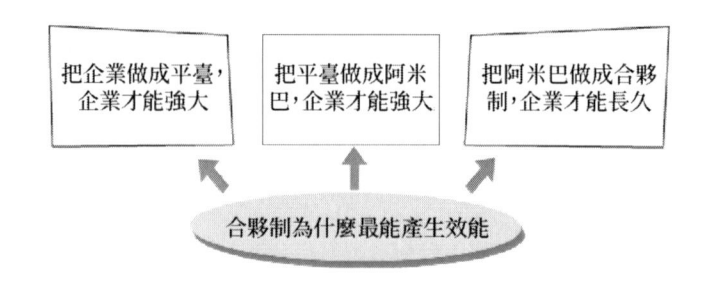

圖 2-6 合夥制為什麼最能產生效能

根據筆者多年的諮詢經驗，總結出以下三句話：

第一句，「把企業做成平臺，企業才能強大」。所謂的平臺，就是為我所用，不一定為我所有。

第二句，「把平臺做成阿米巴，企業才能強大」。就像前文飼養成雞的案例，如果把平臺裡的每一個經營團隊都做成阿米巴，阿米巴能對外競爭，那企業就能變強大。

第四節　合夥制如何最大化企業效能與競爭力？

以前只要一個環節出問題，可能整個價值鏈都會癱瘓。比如成雞沒養好，這個環節出了問題，那小雞該交付到哪裡去？小雞無法出籠，也會導致孵小雞的部門停業，因為小雞沒地方存放。後面的工序也會產生連鎖反應，由於成雞沒有養出來，屠宰部門就沒事做了。接下來，銷售部門也沒有產品可以賣了。因為成雞沒有養好，整個價值鏈都受到影響。

但現在不一樣了。我們把企業內部做成阿米巴經營模式，孵小雞的部門只是我們養成雞的若干個供應商之一，如果孵小雞的部門出了問題，那飼養成雞的部門可以對外增加採購量。

反過來也是一樣。如果養成雞的部門出了問題，那麼孵小雞的部門也可以加大對外的銷售量，因為內部養成雞的部門只是孵小雞部門的若干客戶之一。所以，把平臺做成阿米巴，公司就會強大。不至於出現一點問題，就導致全線癱瘓。

第三句，「把阿米巴做成合夥制，企業才能長久」。我們應該知道，只要企業有人才，這個企業就會往前走。企業的「企」字，是一個「人」字，下面一個「止」字，如果你把上面的「人」拿掉，那這個企業就停止營運了。合夥制，重點是把人才留住，然後不斷地更新，企業才能長久。

第二章 合夥制：讓企業與員工共創共享

> **胡博士指點**
>
> 我們記住這三句話：把企業做成平臺，企業才能強大；把平臺做成阿米巴，企業才能強大；把阿米巴做成合夥制，企業才能長久。

第四節　合夥制如何最大化企業效能與競爭力？

本章總結

- 合夥人分為有限合夥人和普通合夥人兩種。
- 關於合夥制，歸納總結兩句話：出錢多，不一定股份多；股份多，不一定分紅多。
- 合夥企業由合夥人共同訂立協議，共同出資、共同經營、共同分享，也共同承擔風險，而且這個合夥企業的債務是承擔無限連帶責任的。
- 合夥企業分為兩大類，一類是普通合夥企業，另一類是有限合夥企業。
- 合夥人分為兩類，一類是普通合夥人，另一類是有限合夥人。
- 為何需要合夥制？主要有三個方面：人性的需求、時代的需求和競爭的需求。
- 把企業做成平臺，企業才能強大；把平臺做成阿米巴，企業才能強大；把阿米巴做成合夥制，企業才能長久。

第二章　合夥制：讓企業與員工共創共享

第三章
成功實施合夥制的三大關鍵思考

　　實施合夥制，有三點需要考量：其一，把企業內部某個業務部門拿出來做成合夥制，由這個業務部門與企業內部多個部門相互交易，這是最常見，也最容易實施的做法。其二，適用合夥制的場景當然有很多，但其中五種情形是最適合的。其三，與什麼人合夥，我們需要建立一個理想的人才模型。

第三章 成功實施合夥制的三大關鍵思考

第一節
企業哪些業務適合合夥制？

在談何事需要合夥之前，我們先說一個案例。

很多老闆喜歡把企業的相關業務無限制延伸。有一家公司的主營業務是生產電子產品，且生產了各式各樣的充電器。當時公司淨利潤高，經營效益很好。

後來，這家公司的老闆說，五金零件的銅線也要生產。成立這個工廠不難，招聘一位經理來管理即可。一些電子零件需要塑膠，於是又增加了一個塑膠工廠。企業總人數一度擴張到 8,000 多人。

公司沒有採用合夥制，也沒有採用阿米巴經營模式，要養一個龐大的團隊，導致連續 3 年虧損，老闆非常著急。

為什麼公司長期沒有獲利？到底是虧在電子零件還是虧在塑膠零件、五金零件？一算就知道了。

你以為在外面採購塑膠、五金，供應商肯定是有利潤的，那麼自己做，利潤豈不是就歸自己了？其實不然。公司生產這些塑膠、五金配件，需要投入廠房、設備等固定資產，需要庫存原材料、半成品、成品，也會出現產品不合格，甚至報廢，人力費就更不用說了。而你去外購產品，這些風險都是由供應商承擔。所以，最後計算下來，如果你自

己生產的產品品質不好，成本往往會比外購還貴。

綜合權衡利弊之後，這家公司導入「阿米巴＋合夥制」，其實施方法如圖 3-1 所示。

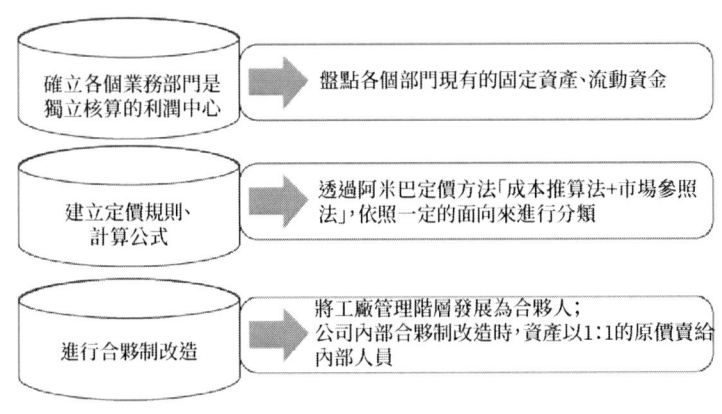

圖 3-1「阿米巴＋合夥制」的實施方法

第一，確立各個業務部門是獨立核算的利潤中心（這裡主要列舉塑膠、五金零件兩個部門）。盤點各個部門現有的固定資產、流動資金，也就相當於確立了這些部門現在有多少家底。

第二，建立定價規則、計算公式。透過阿米巴定價方法──「成本推算法＋市場參照法」，對塑膠、五金產品按照一定的角度來進行分類，並對每一類產品建立定價規則、計算公式，以後就照這個規則、公式，把產品賣給內部各個有需求的部門。同時鼓勵對外銷售，對外銷售的定價，公司

第三章　成功實施合夥制的三大關鍵思考

只給一些原則、計算的方法，具體定價的權力，則由塑膠、五金等部門進行合夥制改造後的負責人來行使。

第三，進行合夥制改造。如果工廠管理階層有信心做合夥人，那就一起合夥做；如果管理階層不願意合夥，公司就把這些生產線完全承包給外部或引進外部合夥人、股東。公司內部合夥制改造時，資產以１：１的原價賣給內部人員；對外合夥制改造時，就執行談判的結果。

所以，把企業內部某個業務部門拿出來做成合夥制，由這個業務部門與企業內部多個部門相互交易，這是最常見，也最容易實施的做法。

但我們要注意的是，如果內部交易的定價不明確，那這個合夥制的業務部門就很難清楚地獨立核算，它的收益就是一筆糊塗帳。以前公司是老闆一個人的，收益是從左邊口袋到右邊口袋。現在是合夥制了，公司有幾個股東，如果收益等帳目算不清楚，或算得不合理，還能合作下去嗎？

第二節　合夥制的最佳應用場景與策略

合夥制作為一種管理機制，適用的範圍非常廣。在實際應用中，我們不一定從一開始就要去登記合夥企業，而是透過大家商定形成協議的方式來操作，等有必要或條件成熟後，再去登記也是可以的。

合夥制到底有哪些適用場景呢？不同的場景中，企業所選擇的合夥人是各有特點的。筆者根據諮詢經驗，歸納出合夥制的五個適用場景，更能幫助企業內部導入合夥制，如圖3-2 所示。

圖 3-2 合夥制的五個適用場景

- 要引進高階人才
- 要拆分現有的業務
- 要變革管理模式
- 要延伸現有的業務
- 要引進新的專案

（1）要引進高階人才。

一般特別優秀的高階人才幫公司工作，老闆不太敢要，為什麼？因為你的職務高，將來要運用公司很多資源，包括

資金,才能發揮你的職位價值與個人優勢。不讓你使用資源,就白白花高薪請你了;但為你配備很多資源,投入這麼大,沒有產生期望的業績怎麼辦?最好的方法就是把這位高階人才變成合夥人。

比如挖一個行銷副總過來,他不是合夥人,只是專業經理人,那肯定有固定的年薪,業績做得好,還要支付一定比例的獎金。如果這位專業經理人做得不好呢?他的固定年薪還是應該支付的。重點是公司要配備很多資源給他,你不能指望他一個人點石成金。所以,引進高階人才是我們採用合夥制的一個好場景。

(2) 要拆分現有的業務。

拆分出去的業務部門,最好也採用合夥制。

有一家做手機充電線的企業,它以前是靠配套和找零售經銷商來開展公司業務的。後來網路快速發展,這家公司也開始拓展電商銷售,需求量一下子猛烈增加,可是製造和研發跟不上銷售的步伐。

顧問調查、研究診斷結果,建議把製造廠分開,因為它已經形成整個公司發展的資源。行銷、研發如果有訂單,既可以找自己的工廠生產,也可以找外面的工廠代工。分出去的這個工廠,就由生產的經理、廠長、主任、技術人員等一

起投資,相當於把這個工廠買下來。當然,原有的老闆還是大股東,在這個時候,把現有業務拆分出來,是可以採用合夥制的。

(3) 要變革管理模式。

管理模式變革以後,是導入合夥制的一個有利的契機。比如引入阿米巴經營模式後,把創造利潤的阿米巴登記成合夥企業,或至少建立合夥制,這個時候是非常有利的。因為每一個「巴」都是獨立核算,跟公司各部門內部定價交易的,所以,這個合夥的企業也好,合夥的阿米巴也好,它的盈利狀況都是可以算得非常清楚的。

舉個例子,我們前面談到的飼養企業。採購部變更成阿米巴經營模式,因為採購部可以對外去做種蛋的銷售,可以創造更多的收入。但是採購需要資金,大家可以一起出資,原本的老闆也出資,這就是合夥制。養小雞的部門再增加一、兩條生產線,那也是獨立核算,就很適合導入合夥制。

(4) 要延伸現有的業務。

什麼叫延伸現有的業務呢?就是企業以前沒做的業務,現在要在現有業務的基礎上進行補充。比如企業以前只是做手機充電線的生產和銷售,那現在可能要生產電腦充電線,

第三章　成功實施合夥制的三大關鍵思考

就是延伸新的業務了。這兩塊業務要分開核算。這家生產充電線的企業，以前是在電商平臺銷售充電線產品，本來是沒有工廠的，為了保障品質，可能自己再開一個工廠，但真正的核心還是在行銷。那這個工廠就是賣充電線的這個公司延伸出來的業務部門。在這個時候，一定要找合夥人，負責生產和經營，大家一起出錢合夥。

（5）要引進新的專案。

引進新的專案，這個專案的範疇很廣，其實業務延伸也相當於新的專案。

專案有廣義和狹義的概念。廣義的概念就是獨角獸專案；狹義的概念，即有明確的開始和結束時間，有代表性的專案。引進新的業務，主要包括投資型業務、研發型業務、加工型業務和顧問型業務等。

比如白板筆中的墨水，現在公司生產的白板筆要購買人家的墨水，書寫的時候不容易擦掉，或寫不清楚。於是，公司成立一個專案小組，專門研發好的墨水，既容易寫，也容易擦，又有香味，還不會滲透到紙張背面，這就是一個新的專案。

但是公司不生產墨水，新型墨水研發出來以後，找到現在供應墨水的廠商，請其代工。在這個過程中，新型墨水配方保密，部分原材料自己採購，請廠商幫公司代工，那這個

研發專案就完成了。

為什麼要研發這個新型墨水呢？公司成立一個合夥制專案組，人力、物力、實驗室、設備都需要投資和費用，未來寄託於銷售。這樣，一個人肯定忙不過來，要帶幾個工程師。研發部不斷地做實驗，要研發出既容易寫又容易擦的墨水，直至專案進程結束為止。

到了銷售環節，賣出去多少支筆都有數目，或一支筆給團隊一元利潤。從理論上來說，合夥人是在工作，但公司不想發薪水給你。照道理，合夥人不需要發薪水。如果公司只給合夥人薪水，合夥人就沒有那麼高的積極度了。

雖然公司不給合夥人薪水，但會把該專案利潤的30％當作合夥人的分紅。按照股份和利潤計算，當時預測30％的股份，剛好在300萬元左右。在這個專案中，企業老闆是投資者，合夥人才是經營者。公司當時的預測，合夥人也認可，現在拿30％的利潤分配。當然，如果團隊經營得好，30％的利潤實際做到1,000萬元，團隊就可以獲得更多收益；如果經營團隊做得不好，30％的股份結果只有100萬元，那也要接受這個結果。也就是說，經營團隊吃虧，老闆也吃虧；經營團隊獲利，老闆也獲利。共同打拚、共同命運才叫合夥人。如果不共同命運，團隊就拿300萬元的薪水，可能老闆的本錢都賠光了。拿薪水和不拿薪水的激勵機制、動力是不一樣的。

第三章　成功實施合夥制的三大關鍵思考

以上這5個場景，適合採用合夥制。但前提就是公司內部要做好合夥制，由於內部有買賣關係，所以必須把這個帳算得很清楚，定價要定得明確，否則，很容易賴皮。

我們也碰過一個案例。有一家服裝企業以前替別人代工服裝，沒有自己的品牌，現在想做品牌，所以就找幾個人一起合夥，成立一家服裝銷售公司。

後來為什麼會發生矛盾呢？由於當初並沒有把相關合夥協議設計好。工廠把服裝做好了，賣給自己品牌的公司，要如何定價，當時沒有說清楚。所以，這個服裝銷售公司的幾個合夥人總認為老闆把利潤放在工廠了，因為老闆擁有這家服裝企業100％的股份，而服裝銷售公司的股份，老闆只占其中的一部分。由於定價沒算清楚，最後幾個合夥人不歡而散。

所以，不管在哪個場景採用合夥制，共同的前提是內部交易的定價，即計價的方式、方法、規則要確定下來。這就符合阿米巴經營模式的「分、算、獎」，即分得清楚、算得明白、獎得準確。

適用合夥制的場景當然還有很多，但這五種場景是導入合夥制的最佳時機。

第三節
如何選擇合適的合夥人？

與什麼人合夥？我們需要建立一個理想的人才模型。有些人不願意當合夥人，寧可做專業經理人，為什麼呢？至少有一點——他不願意承擔風險。所以我們選擇的合夥人，一定是願意承擔風險、有風險意識和抗風險能力的人。過於求穩的人，其實也不適合當合夥人。

與什麼人合夥，就歸納為「三願三有」，如圖 3-3 所示。「三願」就是願意接受挑戰、願意承擔風險、願意出資。這是他發自內心願意的，強摘的果子不甜。

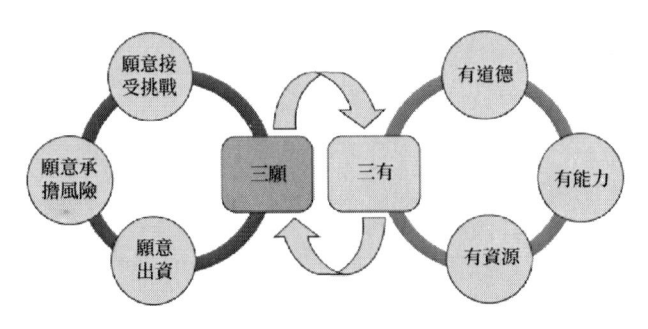

圖 3-3 合夥人「三願三有」

「三有」，即有道德、有能力、有資源。當然還可以再細分，比如有能力，那是經營能力還是專業能力……等。逐一細分下來，要建立一個理想的人才模型。

第三章　成功實施合夥制的三大關鍵思考

　　那我們是不是要求每一個合夥人都要具備「三願三有」的每一項呢？這個不可能，也不需要。所以需要細分合夥人的職位，然後針對那個人才模型進行選拔。比如有能力，那我們要看是有經營能力、專業能力，還是管理能力？比如要找一位行銷高階管理人員，那我們當然最看重的是他的經營能力；如果要找一位行政副總，那我們更看重的可能是他的管理能力。

　　如果從道德和能力來比較：身為行政副總，當然更看重的是道德品格；那行銷副總更看重的是能力。當然這兩者不矛盾，不是說有能力就沒有道德，有道德就沒有能力，只是說側重哪一方面。根據不同合夥人的職位，在選拔合夥人時，可以對照這個理想的人才模型有所側重。

　　但是有一點，在選擇合夥人的時候要注意，如果兩個人的價值觀相差太大，或有些人的個性合不來，這種人最好不要當合夥人，可以給他高薪水、高獎金。如果只是出錢，但不參與經營的合夥人，那就不用有那麼多要求了；如果出錢又一起共同經營，那「合不合得來」是非常重要的。有人天生就是反對黨，對任何事情都很難與他達成一致，這樣的人，就沒辦法做合夥人。

　　只要基本的想法保持一致，就能成為合夥人。比如這個合夥企業或合夥制部門，是想把品質做好，慢慢贏得客戶，

第三節 如何選擇合適的合夥人？

還是快速擴大規模？有些公司規模擴大了，有可能就像割韭菜一樣，把客戶一次一次收割。也有很多企業做了 20 年，規模並不大，但它做得非常穩定。所以，這個合夥人的基本理念是要吻合的。

在網路時代，合夥做生意，到底是真正想把企業做好，為客戶帶來更多價值，從而獲得利潤呢？還是把這個企業包裝好，透過引進資本，然後上市，獲得更多的資本收益呢？有些企業就是這樣，透過資本市場讓企業擴張，強大之後就把自己的股份出售，從而獲得高收益。這個沒有對或錯，就看怎麼去選擇。

第三章　成功實施合夥制的三大關鍵思考

本章總結

- 把企業內部某個業務部門拿出來做成合夥制，由這個業務部門與企業內部多個部門相互交易，這是最常見也最容易實施的做法。
- 合夥制的五個適用場景，更能幫助企業內部導入合夥制，包括：要引進高階人才、要拆分現有的業務、要變革管理模式、要延伸現有的業務、要引進新的專案。
- 與什麼人合夥，歸納為「三願三有」。

第四章
落實合夥制的四大步驟

如何建立合夥制和推行合夥制，一共分為四步流程：確定合夥人員、確定權責分工、確定股份比例、確定合夥協議，如圖 4-1 所示。掌握了這個規則，就是流程、步驟、方法、工具，就可以好好地落實。

需要什麼合夥人：三維組織。選擇合夥人	對資產增值保值負責；對銷售收入負責；對經營利潤負責；對成本降低負責；對費用節省負責	兩類入夥價值；三種合夥時態；四維個人估值方法；五種企業估值方法	以合夥協議作為本企業的最高行為準則。合夥制的五大機制，要寫進合夥協議
確定合夥協議	確定權責分工	確定股份比例	確定合夥人員

實施合夥制之四步流程

圖 4-1 實施合夥制之四步流程

第四章　落實合夥制的四大步驟

第一節
確定合夥人：關鍵能力與組織架構設計

這個問題筆者在前面也談到了一些，那是站在合夥人個人條件的角度來衡量的，本節則從合夥組織的角度來談談，如何將不同特徵的合夥人有效地組織起來。再做一下擴展，其實「合夥人」未必就一定是指「個體」，也可以是一個組織。

確定合夥人，你跟誰合夥？是長期的人才，還是短期的人才？只有弄清楚目的，才能找不同的合夥對象。

一、需要什麼合夥人：三維組織

需要什麼合夥人？可透過三維組織確定：橫向組合、縱向組合、時空組合，如圖 4-2 所示。

(1) 橫向組合。

橫向組合包括上游資源（平臺合夥人）、下游終端（生態合夥人）和外部資源（整合成為資源合夥人）等。橫向組合需要控制數量和品質。

第一，上游資源（平臺合夥人）。

企業都有「進」和「銷」，上游指的是「進」。原材料、服務來源無非兩種：一種是直接向生產商購進，另一種是向貿

第一節　確定合夥人：關鍵能力與組織架構設計

易商購進。企業需要聯合行業內知名的上游資源端，以保障公司長期穩定的貨物供應。為長期保障上游供應，公司需要出讓一部分股份給上游，形成利益共同體，將上游資源端發展成為平臺合夥人。

橫向組合 → 包括上游資源（平臺合夥人）、下游終端（生態合夥人）及外部資源（整合成為資源合夥人）等。橫向組合需要控制數量和品質

縱向組合 → 包括股東層面的創始合夥人、中高階層的事業合夥人、業務板塊的營運合夥人、阿米巴團隊的一線合夥人等

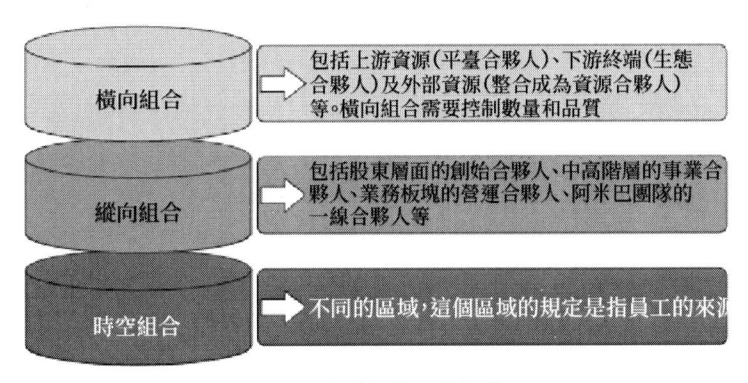

時空組合 → 不同的區域，這個區域的規定是指員工的來源

圖 4-2 合夥人的三維組織

第二，下游終端（生態合夥人）。

「銷」指的是下游。企業需要借助管道、經銷商銷售產品，而管道、經銷商又是公司之外的利益組織，本身不為公司所占用，以往單純靠銷售分潤的利益關係十分薄弱。在企業無法自主掌握銷售管道的前提下，需要借助下游的力量完成銷售，實現輕資產運作。因此，公司可拿出一部分股份，用作對經銷商的股權激勵，促進經銷商與公司互惠互贏，打造比「短期收益」更加有效的利益關係，即將經銷商發展成為生態合夥人。

第三，外部資源（整合成為資源合夥人）。

第四章 落實合夥制的四大步驟

像投資者等外部資源不跟公司的業務發生直接關係，但是能為公司發展提供資金、資訊等支援。對於這種資源方的合夥制，以短期的經濟報酬為主。

此外，還有很多有社會關係的人士，只要能為公司帶來價值，就不排除在合夥人的範圍之外，包括有客戶資源的、公關資源的、能提供管理諮詢與技術指導的……等等。

(2)縱向組合。

縱向組合主要包括股東層面的創始合夥人、中高階層的事業合夥人、業務板塊的營運合夥人、阿米巴團隊的一線合夥人等。在縱向組合中，需要設計不同的類型和層級。層次要有高有低，如果合夥制裡的人才都是同一個等級，就很難形成有效的執行力。

第一，股東層面的創始合夥人。

在實踐中，創始人可以成為股東、可以成為董事長，也可以成為總裁，還可以成為創始合夥人。

公司創立之初，大家憑著一腔熱血做事，收益、利益都擱置不論。公司發展壯大後，大家對股份的事情就越來越在乎了，創始人股東內部最容易發生股權糾紛。因為創始人對公司產生重要的作用，創始人之間的關係要優先理順，共創、共擔、共用，才能讓公司強大、長久。

第二，中高階層的事業合夥人。

第一節　確定合夥人：關鍵能力與組織架構設計

中高階層的事業合夥人，主要是指公司的副總、總監、經理等中高階層核心職位。合夥人機制、股權激勵制度不僅能激勵他們全力以赴地工作，還能促進他們完善公司治理。而給予股份，也就意味著給予責任和賦予未來收益。當公司的發展與每個人的利益相關時，所有人都會「付出不亞於任何人的努力」。

第三，業務板塊的營運合夥人。

業務板塊指事業部、分公司、子公司等，通常適用於多元化的公司或集團化企業。發展業務板塊的營運合夥人，可以激勵他們在自己的「一畝三分地」中創造更好的業績。

第四，阿米巴經營團隊的一線合夥人。

阿米巴經營團隊的組織規模小，但職能全、數量多。如何激發基層業務員工的積極度，就顯得尤為重要。可以透過賦予阿米巴團隊充分的權責、權利，制定好相應的收益機制，從合夥制上進行最佳化。

(3) 時空組合。

這是指員工來自不同區域的組合。比如公司要開展一個新業務，負責的合夥人可能來自不同的區域，相互之間沒有打過交道，這種情況最好是合夥人自己組合。

如果是公司成熟的業務，可以從公司內部提拔合夥人。比如公司提拔你當這個合夥團隊的負責人，但公司並不希望

第四章　落實合夥制的四大步驟

所有合夥人都由你提出，因為公司沒必要把現有的成熟業務和風險交給你。

二、如何選擇合夥人

企業選擇合夥人的方法和要求，如圖 4-3 所示。

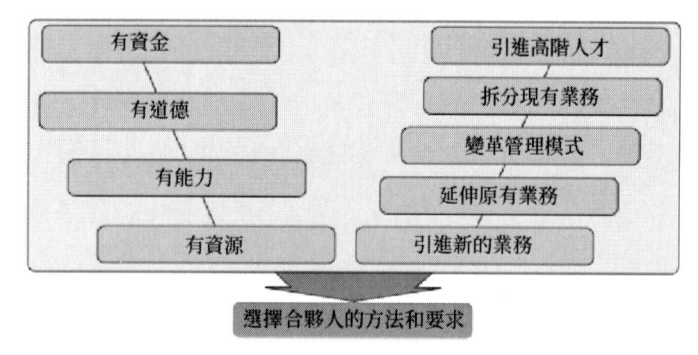

```
有資金              引進高階人才
有道德              拆分現有業務
                   變革管理模式
有能力              延伸原有業務
有資源              引進新的業務
        ↓
   選擇合夥人的方法和要求
```

圖 4-3 選擇合夥人的方法和要求

企業選擇合夥人，怎麼選人？有資金、有道德、有能力、有資源，一個人要集合這麼多優勢，哪有這麼好的事情？我們看表 4-1，透過五個不同的做法，選擇不同的人員，比如公司要引進高階人才，有行銷的高階人才、技術的高階人才等。每個合夥事業都可以根據自身的特點，給每個空格定出標準配分 1～5 分，然後面談時為擬合夥人打分數，分數結果達到標準配分的比例越高，表示這個人越符合合夥人的條件。

如果想引進高階行銷人才當合夥人，「願意接受挑戰」就

第一節　確定合夥人：關鍵能力與組織架構設計

表示我們的合夥事業可能與他之前熟悉的行銷領域有較大的不同，我們看好的是他的行銷理念、行銷創意、行銷策劃、行銷整合等能力，不是他之前的經驗，因此他必須面臨更大的挑戰。比如他之前是線下銷售建築陶瓷業，而我們的合夥事業卻是線上銷售服裝，如果他不願意接受這樣的挑戰、成為合夥人，那就不要聘請他來當經理人，因為說明他可能是看中你給的高薪，而不願意自己接受挑戰。因此，這一格的配分，是最高的 5 分。

為什麼「願意出資」也必須配分 5 分？因為身為行銷人才，他未來一定會掌握較大的財務支配權，否則什麼都問你，且行銷費用誰都沒有把握「投出去就會有報酬」，你到底要准還是不准？如果他也出錢了，在做金錢投入的決策時，就會謹慎很多。

假設上面那位就是張三，你找他談了很多次，他表示不想放棄自己的建築陶瓷業，但也沒有拒絕你的邀請，那「願意接受挑戰」一欄只能給 1～2 分；後來他總算同意與你合夥，但不願意出錢或只出很少的錢，卻想得到較大比例的股份，那麼「願意出資」就給 1～2 分。兩項分數占標準配分的 20%～40%，這顯然太低了，勉強合夥，也走不遠。

至於技術、生產方面的高階人才，他們跨行業、跨領域的可能性不大，又何必找他們合夥呢？所以，標準配分為 1 分。

第四章 落實合夥制的四大步驟

<table>
<tr><th colspan="3" rowspan="3">三有</th><th rowspan="3">有資源</th><th>資本資源</th><th></th><th></th><th></th><th></th><th></th></tr>
<tr><td>客戶資源</td><td></td><td></td><td></td><td></td><td></td></tr>
<tr><td>社會資源</td><td></td><td></td><td></td><td></td><td></td></tr>
<tr><td rowspan="6">有能力</td><td rowspan="3">專業能力</td><td>銷售能力</td><td></td><td></td><td></td><td></td><td></td></tr>
<tr><td>生產能力</td><td></td><td></td><td></td><td></td><td></td></tr>
<tr><td>研發能力</td><td></td><td></td><td></td><td></td><td></td></tr>
<tr><td rowspan="3">承受能力</td><td>經濟壓力</td><td></td><td></td><td></td><td></td><td></td></tr>
<tr><td>挫折壓力</td><td></td><td></td><td></td><td></td><td></td></tr>
<tr><td>經營壓力</td><td></td><td></td><td></td><td></td><td></td></tr>
<tr><td rowspan="3">經營能力</td><td>管理能力</td><td></td><td></td><td></td><td></td><td></td></tr>
<tr><td>經營能力</td><td></td><td></td><td></td><td></td><td></td></tr>
<tr><td>領導能力</td><td></td><td></td><td></td><td></td><td></td></tr>
<tr><td rowspan="3">有道德</td><td colspan="2">有責任</td><td></td><td></td><td></td><td></td><td></td></tr>
<tr><td colspan="2">有擔當</td><td></td><td></td><td></td><td></td><td></td></tr>
<tr><td colspan="2">有理想</td><td></td><td></td><td></td><td></td><td></td></tr>
<tr><th colspan="2" rowspan="3">三願</th><td colspan="2">願意出資</td><td>5</td><td>2</td><td>1</td><td>1</td><td></td></tr>
<tr><td colspan="2">願意冒風險</td><td>5</td><td>1</td><td>1</td><td>1</td><td></td></tr>
<tr><td colspan="2">願意接受挑戰</td><td>5</td><td>1</td><td>1</td><td>1</td><td></td></tr>
<tr><th colspan="4">類別</th><td>行銷人才</td><td>技術人才</td><td>管理人才</td><td>生產人才</td><td>……</td></tr>
<tr><td colspan="4"></td><td colspan="5">引進高階人才</td></tr>
</table>

094

第一節　確定合夥人：關鍵能力與組織架構設計

類別														
三願	願意接受挑戰													
	願意冒風險													
	願意出資													
三有	有道德	有理想												
		有擔當												
		有責任												
	有能力	經營能力	領導能力											
			經營能力											
			管理能力											
		承受能力	經營壓力											
			挫折壓力											
			經濟壓力											
		專業能力	研發能力											
			生產能力											
			銷售能力											
	有資源	社會資源												
		客戶資源												
		資本資源												

拆分現有業務：職能拆分、產品拆分、品牌拆分、區域拆分、……

095

第四章　落實合夥制的四大步驟

三有	有資源	資本資源							
		客戶資源							
		社會資源							
	有能力	專業能力	銷售能力						
			生產能力						
			研發能力						
		承受能力	經濟壓力						
			挫折壓力						
			經營壓力						
		經營能力	管理能力						
			經營能力						
			領導能力						
	有道德	有責任							
		有擔當							
		有理想							
三願	願意出資								
	願意冒風險								
	願意接受挑戰								
類別				治理結構變革	經營模式變革	組織結構變革	作業方式變革	……	
				變革管理模式					

第一節　確定合夥人：關鍵能力與組織架構設計

類別				上游資源延伸	下游終端延伸	橫向相關延伸	橫向多元延伸	……
三願	願意接受挑戰							
	願意冒風險							
	願意出資							
有道德	有理想							
	有擔當							
	有責任							
三有	經營能力	領導能力						
		經營能力						
		管理能力						
	有能力	承受能力	經營壓力					
			挫折壓力					
			經濟壓力					
		專業能力	研發能力					
			生產能力					
			銷售能力					
	有資源	社會資源						
		客戶資源						
		資本資源						
				延伸原有業務				

097

第四章　落實合夥制的四大步驟

類別						
三願	願意接受挑戰					
	願意冒風險					
	願意出資					
有道德	有理想					
	有擔當					
	有責任					
三有 / 有能力 / 經營能力	領導能力					
	經營能力					
	管理能力					
三有 / 有能力 / 承受能力	經營壓力					
	挫折壓力					
	經濟壓力					
三有 / 有能力 / 專業能力	研發能力					
	生產能力					
	銷售能力					
三有 / 有資源	社會資源					
	客戶資源					
	資本資源					
引進新的業務	投資型業務					
	研發型業務					
	加工型業務					
	顧問型業務					

表 4-1 選擇合夥人評估表

第一節　確定合夥人：關鍵能力與組織架構設計

在合夥企業或合夥制的部門，剛開始規模都不算大，合夥人多數也是身邊的人，所以，選擇合夥人要注意一點，免得日後增加很多煩惱。比如，本來是十多年的好朋友，有可能為了一點利益而老死不相往來；本來是同事或下屬，現在是合夥人了，似乎變得對你沒有以前那麼尊重了⋯⋯有了這些心理準備，你就會關注找什麼特徵的合夥人了。

第四章　落實合夥制的四大步驟

第二節
權責分工：建立明確的責任與決策機制

選擇合夥人之後，我們要確定每一個合夥人的分工和責任。這句話說起來很容易，但做起來很難。合夥人也好，阿米巴也罷，它追求的是透過下放責、權、利，來激發大家經營的潛力，從而獲得更多的收益。

所以在合夥制裡，要把每個人的職責說清楚。我們平時可能會說：「負產品開發的責任」、「負招聘的責任」……這都是不嚴謹的說法。筆者認為，真正的合夥人，一定要對經濟負責，對收益負責。

我們必須承認財務報表是企業一切經營活動的最終反映，這是一個基本的前提。

經營的結果可能不需要太多文字來表示，更多的是用資料，甚至是金額來表示。所有者權益、固定資產、流動資金、應收帳款、應付帳款、長期待攤費用……哪一個不是以「金額」作為企業的資料？這就是經營活動的最終反映。

所以，經營者的責任可以簡單理解為對經營活動的「財務資料」負責。

那「企業策略」與「金額」無關，難道這不是經營者的責任？當然是，但策略正確與否、有效與否，最終還是要透過

第二節　權責分工：建立明確的責任與決策機制

「金額」來檢驗，只是週期長一點而已。

你看過三大財務報表中有產品品質合格率、員工流失率、生產及時交付率、工程進度及時率、客戶滿意度之類的資料嗎？沒有！這些都是經營活動中的過程資料，而不是最終資料。過程資料與最終資料是一個「可能性」而非「必然」的關係，甚至連「必要條件」都談不上，只能說是影響最終資料的因素之一。產品品質良率高，就能保證企業利潤一定高嗎？只能說，在其他所有影響利潤的因素都不變的前提下，產品品質良率提高，企業利潤就會提高。但這個前提是沒有任何意義的，因為「所有因素」是無法全部羅列的。

所以，管理者的責任可以簡單理解為對經營活動的「過程資料」負責。經營者與管理者的責任差別，如圖4-4所示。

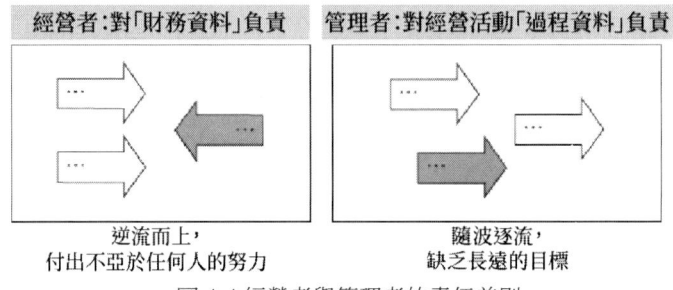

經營者：對「財務資料」負責	管理者：對經營活動「過程資料」負責
逆流而上， 付出不亞於任何人的努力	隨波逐流， 缺乏長遠的目標

圖4-4 經營者與管理者的責任差別

有人會問，假如我既不對任何「最終金額」負責，也不對任何「過程資料」負責，那怎麼理解我的責任？我只能說：「在這個企業的經營活動中，你是多餘的人！」

第四章 落實合夥制的四大步驟

一、主要責任

讓我們先來看看著名的杜邦分析法，如圖 4-5 所示。

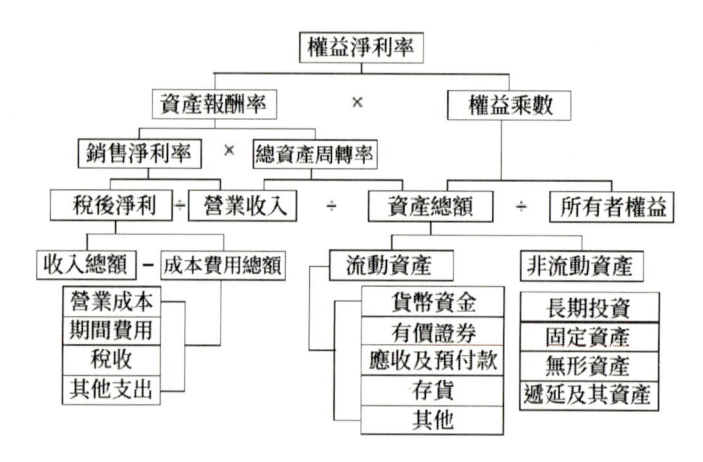

圖 4-5 杜邦分析法

我們把幾個關鍵資料分類歸納一下，如表 4-2 所示。

類別	杜邦分析法中的資料	阿米巴的核算形態
資產類	權益淨利率、資產報酬率、有價證券、長期投資	資本巴
利潤類	銷售淨利率、稅後淨利、營業收入、收入總額	利潤巴
成本類	營業成本、固定資產、存貨	成本巴
費用類	期間費用、稅金、其他支出	費用巴

表 4-2 杜邦分析法中的關鍵資料分類歸納

第二節 權責分工：建立明確的責任與決策機制

我們可以把合夥人的一級責任分為五個層次，分別為對資產增值保值負責、對經營利潤負責、對銷售收入負責、對成本降低負責、對費用節省負責，如圖 4-6 所示。這與筆者在《人人成為經營者──阿米巴實施指南》中，把阿米巴分為四種核算形態相吻合。

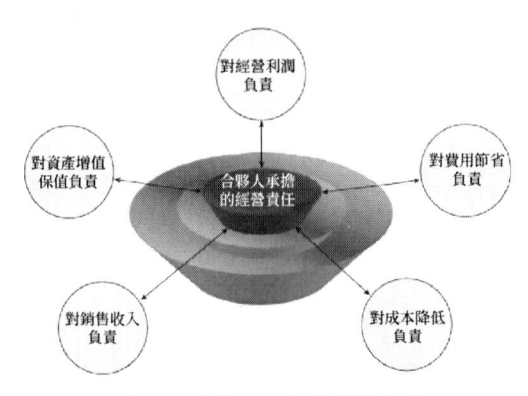

圖 4-6 合夥人承擔的經營責任

既然有一級責任，那還有二級責任嗎？當然有，比如對經營利潤負責的合夥人，假設他是行銷副總，那他下面的銷售經理可能只需要對營業收入負責即可，產品對外的定價是行銷副總決定的。

以下我們分別介紹不同的合夥人承擔的不同經營責任。

(1) 對資產增值保值負責。

比如大家投資你，你來當總經理，那你要對大家的投資報酬或投資的資產增值負責。至於具體做什麼產品、選什麼

第四章 落實合夥制的四大步驟

客戶,這些合夥人的權力是賦予你來行使的。

簡單來說,我們一共投資 1,000 萬元,每年能否有 8%～10%的報酬,這得有個合夥人負責,否則誰敢投資?

對這個指標負責的,往往是合夥事業的最高決策者,比如董事長或總經理。

責任越大,權力也就越大;權力越大,經營活動選擇的空間也就越大。

從圖 4-5 中可以看出:

資產報酬率 = 銷售淨利率 × 總資產周轉率

假如公司有 A、B 兩款產品,根據市場的一般售價,A 款的淨利率有 12%,B 款的淨利率只有 10%,由於資金有限,不可能兩款同時生產,你會選擇哪款呢?很多人會說:「當然是 A 款。」我再告訴你,A 款的收回帳款天數是 60 天,B 款的收回帳款天數是 30 天,那這時你會選擇哪款呢?我們簡單算一下就知道了,為了方便理解,假設投資的 1,000 萬元全部用作流動資金來發貨給客戶,收益率比較,如表 4-3 所示。

表 4-3 A、B 兩款產品收益率比較

產品	周轉天數(天)	年周轉次數(次)	最大銷售收入(萬元)	淨利率(%)	淨利潤(萬元)	收益率(%)
A 款	60	6	6,000	12	720	72
B 款	30	12	12,000	10	1,200	120

104

這個時候，你肯定會選擇 B 款吧？

可是現實世界並不是數字遊戲這麼簡單，有可能 B 款的銷售難度、競爭難度比 A 款更大，不一定能達到 12,000 萬元，那到底是選擇 A 款還是 B 款呢？這個時候就需要有人決策，有人承擔這個責任。

承擔責任並不意味著若決策失誤，就要由這個決策的合夥人個人來保證滿足其他合夥人 10％的年收益率，除非事前有對賭協議。但是，一件事如果不能確定由哪一個人負責，那這件事情多半不容易成功。記住這個公式：

責任 ÷ 2 ≈ 0

(2) 對經營利潤負責。

假如你是負責銷售的合夥人，你就應該對銷售利潤負責，而不是對銷售收入負責，因為銷售收入多，不一定銷售利潤多。

對銷售利潤負責的，是經營者；對銷售收入負責的，是管理者。

例如企業經營一年之後，能夠完成多少利潤指標？產品銷售人員為了把產品賣出去，天天逼公司降價：「哎呀！老闆，這個價格太高了！不好賣啊！能不能降點價？」老闆最後被逼得沒辦法，只好降價。但產品降價之後，銷售人員還是按照銷售收入來提取報酬，沒有對銷售利潤負責。甚至這

個時候，有可能產品賣得越多、虧得越多，或者雖然產品賣得多，但比以前賺得更少。

(3) 對銷售收入負責。

對銷售收入負責，就是前面提到的，銷售人員只負責把東西賣出去，產品價格由老闆說了算。

(4) 對成本降低負責。

先說明一下成本降低與費用節省的不同，即為什麼要分成兩種不同的責任，或是獨立核算的阿米巴。

成本主要包括料、工、費，成本的降低應該建立在「不會影響產品或服務品質」的前提下。比如一臺複合健身器材，原本一共用到13種螺絲釘、螺栓，現在進行材料合理化，變成9種，這對材料採購、生產過程用到的工裝夾具、製程、工時等都會產生降低成本的作用，但對這款健身器材會不會有品質影響？當然不會！

成本降低是一個有底線、無限度的資料。底線就是零，成本不可能突破這個底線，但到底能降到什麼程度呢？從設計、材料、製程、設備、人員、管理、環境等因素來看，沒有人可以知道，只有更低，沒有最低！

對降低成本負責的往往是擔任研發、生產、採購的合夥人。

第二節　權責分工：建立明確的責任與決策機制

很多人認為，由研發部來對產品的總成本負責有點不合理，我認為恰恰相反，必須由他們來負責。所以，我喜歡用「成本降低」而不是「成本控制」來確定合夥人的責任。

(5) 對費用節省負責。

所謂費用，從財務專業的角度來說，主要包括管理費用、銷售費用、財務費用三大塊。

節省費用與降低成本不同，要根據不同的費用科目，才能確定是不是要「節省」，因為有的費用節省了，就「極有可能影響到產品或服務的品質」。這主要包括「三大開發費用」，即人才開發、產品開發、市場開發。

比如人才開發費用中的培訓費用，如果我們主導的責任是「節省」，那麼今年100萬元的培訓費用，可以一分都不花。然而不行，至少得完成200人/天的培訓課時，平均每人/天課時費用是5,000元。道理也很簡單，我找張三上課，酬勞2,000元/天，找李四上課需要8,000元/天，那為了節省費用，就找張三。可是可能存在培訓品質、培訓效果的差異，費用節省了，卻沒有達到預期的效果。

研發費用也一樣，為了節省費用，少做一輪檢測，不做產品老化試驗，可不可以？當然不行，所以這部分的費用不應該列入「節省」的範圍。

市場開發費用更複雜，請新客戶吃飯，你就能保證可以

成交嗎?廣告費用50%是浪費的,那能不能砍掉這浪費的50%呢?或者乾脆不做廣告宣傳,豈不是更加節省?當然不行,它會影響銷售量與發展。

除了「三大開發費用」外,有的是可以節省的,這就不多列舉了。

對費用節省負責的多是費用部門,即不能直接創造效益的部門,比如人事、行政、財務、審計、倉管等。

你也許根本就不打算找這些部門的負責人當合夥人。這一點也說明,至少目前你的合夥事業規模還太小,等大一點了,就不一定是你想的這樣了。

如果你身為大股東、大老闆,希望合夥人負什麼責任呢?是對控制成本費用負責、對銷售收入負責、對銷售利潤負責,還是對整個資產報酬負責?合夥人——特別是對經營負責的合夥人——其壓力比一般經理人更大。阿米巴經營模式和合夥制的關係,就像鋼筋與水泥,非常吻合。

二、合夥人的責任層次與阿米巴核算形態

談論阿米巴經營模式時,根據筆者的諮詢經驗,歸納總結出阿米巴的核算形態,包括四種:第一種是資本型;第二種是利潤型;第三種是成本型;第四種是費用型,或者稱預算型,如圖4-7所示。

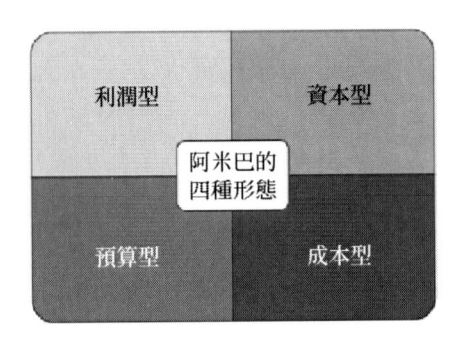

第二節　權責分工：建立明確的責任與決策機制

圖 4-7 阿米巴的核算形態

那為什麼沒有把銷售收入作為阿米巴的一種核算形態呢？因為從交付到交易，每一個阿米巴都必須完成一個買進、賣出的循環商業行為。而銷售只是負責賣出，不負責買進，不對買進的成本負責，也不對銷售的利潤負責，只是賣出，這沒有完成一個商業買進到賣出的循環。所以，在阿米巴經營模式的合作形態裡，並沒有把銷售收入作為一個收入型的阿米巴。

那麼合夥人的經濟責任，就可以對應到阿米巴的四種核算形態。比如對資本的投資報酬負責，或對資產增值保值負責，那就對應資本型的阿米巴核算形態。

如果對利潤負責，就是利潤型阿米巴。比如銷售，不能僅僅對銷售收入負責，要知道這個商品買進來是多少錢，中間有多少行銷費用，有多少稅金，有多少利潤，你才能賣出去。這是利潤型核算形態。

第四章　落實合夥制的四大步驟

　　對成本負責，就是成本型阿米巴核算形態。假如你負責工程建設，或生產製造，那你就應該對成本負責。比如原材料組件買進來是多少錢，人力是多少錢，廠房設備分攤折舊是多少錢，必須做到多少件才能折下固定成本，也就是弄清楚所謂的盈虧平衡點在哪裡。

　　對費用負責，就是預算型阿米巴或費用型的阿米巴。對這種核算形態，我們並不過於追求對費用預算的降低，而是你在這個預算範圍裡，如何把工作做得更好。也就是說，資本型阿米巴超過投資報酬，企業會加大對你的獎勵；利潤型阿米巴超過企業的利潤目標，會加大獎勵；成本型阿米巴低於企業的目標成本，當然是在不損失品質的前提下，那麼將省出來的部分給你當獎勵。

　　但是，預算型阿米巴不可以這樣。比如今年人力資源培訓費用預算是 300 萬元，如果能把 300 萬元省下來，就給人力資源部分潤。那麼好了，少做兩場培訓可不可以？當然不行，300 萬元一定要做 300 場，平均一場 1 萬元。但有的老師培訓收費高，有的老師培訓收費低，操作難度就很大。

　　總之，費用型阿米巴對費用負責，我們更希望其認真做好工作，而不是把節省的費用作為獎勵的基礎，因為這很容易影響工作品質。

第二節　權責分工：建立明確的責任與決策機制

案例

　　一家公司的主要業務是水處理，包括淨水、汙水處理，他們主要承接政府和一些企業的水處理業務。

　　這家公司的業務主要包括：方案設計；製造部分的設備；工程施工，當然也包括外包；售後服務；水質監測，水質監測也包括軟體上的整個資訊系統。

　　這裡的每一項業務可以獨立接單，也可以任意組合。這是什麼意思呢？也許招標只招方案設計，或者說把方案設計和施工分開來招標。總之，這個業務的 5 個部分是可以分開，也可以組合的。

　　前三項業務是按專案的形式來完成的，即方案設計、製造部分的設備、工程施工。方案設計，即無論得標與否，這個工作都完成了；設備製造，接到訂單，做完了就完成了；那工程施工更是典型的專案。售後服務和水質監測是由公司成立的兩個部門，不管你是哪一個專案接來的單，最後都統一做售後服務。

　　公司現在想要做的是，把前三項業務按專案的屬性分成多個阿米巴。比如按汙水處理還是按淨水處理，這是一個專案的角度；按地區負責，誰負責北區，誰負責南區，這也是一個專案的角度。

　　合夥協議裡有哪些內容？合夥人包括哪些人？公司本身

111

第四章　落實合夥制的四大步驟

就有大股東，還有其他管理階層。

合夥人準備投入的資源包括哪些？比如公司層面就準備將一部分股份投入這個合夥企業裡；在管理層面，一個管理者投入的資源，是現金加全職上班。

公司只投入股份進來，公司原有的董事長、總經理，不再擔任這個合夥企業裡的日常職務。也就是說，公司只把股份轉化為一定的現金比例，投入這個合夥企業，它本身不負責日常的經營。而這個管理者既要掏錢，又要以總經理的身分全面負責。

公司不負責經營，所以公司以股份的形式合夥，當然最終是對這個合夥企業的投資收益負責，還對雙方約定借貸負責。如果合夥企業或合夥制部門不能對外舉債，那企業就是大股東，就應該借款給合夥企業。借款給合夥企業，當然就要收投資報酬了。

而總經理全面負責公司，所以他在這個合夥企業裡承擔的最高責任，就是對股東的投資報酬。

公司的行銷副總是以現金加全職的方式入股，所以他必須對銷售利潤負責，即他的最終責任就是年度利潤目標。公司的研發副總是以現金加技術加全職的方式入股，他對產品的成本負責，即對每一個產品的標準成本負責。他需要參照外部的產品，研究公司內部的產品成本是否過高。如果外面

的售價比公司的成本更低,品質也不差,甚至更好,那毫無疑問,這個研發副總沒有對標準成本負起真正的責任。

還有一位管理者,是以社會關係資源加兼職的方式入股,所以他不出錢,也不全職上班。那他的收益就是照公關對象給報酬,再加業績分紅獎金。他要負責的就是約見公關對象,對他的評判標準,就是公關對象所處的等級。

三、量化分權

量化分權,一般來說有四大類:人事權、財務權、業務權、資訊權。

如何設計量化分權?

我們可以採用往下推演的方式,也就是某一類許可權的最大授權是什麼?能不能把這個許可權賦予相關合夥人?如果不能,就退而求其次;還不能,就求再次。

根據筆者的經驗,這四類許可權,從大到小如表 4-4 所示,大家可以參考使用。這方面的資訊,大家可以透過多種管道獲得,在此不著重講述。透過合夥人四類許可權表的練習,可以掌握各級合夥人的許可權。

第四章 落實合夥制的四大步驟

許可權		一級合夥人	二級合夥人	三級合夥人	……
		一級主管	二級主管	三級主管	……
人事權	錄取權				
	解僱權				
	晉升權				
	調職權				
	調薪權				
財務權	固定資產				
	生產資料				
	辦公費用				
	銷售費用				
	對外捐贈				
業務權	銷售政策				
	研發確認				
	品質標準				
	生產製程				
	對外關係				
資訊權	資產報酬				
	稅後利潤				
	稅前利潤				
	營業收入				
	成本費用				

表 4-4 合夥人四類許可權表

第二節　權責分工：建立明確的責任與決策機制

胡博士指點

　　很多合夥事業無法長久的第一大原因，就是各位合夥人的責任與權力不清，而不是財務不均。因為財務的規則，多數都能說得很清楚，而責任、權力卻不容易說明白。它實在太細了，可能分布在工作的每一天、每一件事上。

第三節
股份分配策略：
如何確定合理的持股比例？

困難點和重點是第三步，確定股份所占比例：兩類入夥價值、三種合夥時態、四維個人估值方法、五種企業估值方法。

一、兩類入夥價值

筆者前面說過「出錢多的，不一定股份多」，因為合夥人用於入夥的價值有兩種：出資、出力。這裡又可以細分成多種情形，不同情形會影響對合夥人的價值評估，如圖 4-8 所示。

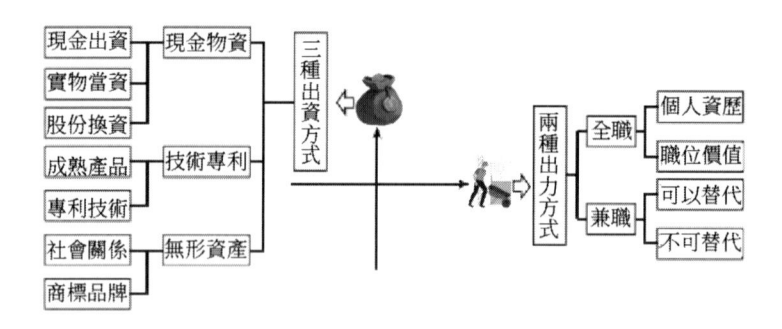

圖 4-8 合夥人入夥價值評估

第三節 股份分配策略：如何確定合理的持股比例？

先舉個簡單的例子加以說明。比如甲、乙、丙三人合夥創業，每人出資33萬元，從資金比重來說，各占1/3的股份。其中，甲不在合夥企業擔任日常職務，乙當總經理，丙當研發技術副總。這三人的股份會一樣嗎？當然不一樣！或許你覺得，薪水歸薪水、股份歸股份，乙、丙可以拿薪水，而甲不拿。這從理論上是成立的，除非投資金額巨大，乙、丙兩人的薪水占投資金額的比例非常小。因為在現實中，初創公司投資有限，一般都會讓乙、丙多占一定的股份。

從圖4-8中我們不難看出，出力也有兩種方式：一種是全職，另一種是兼職。全職分為一般的合夥人和掌舵的合夥人。兼職也是，分為可以替代和不可替代。

出資的方式也有三種：現金物資、技術專利、無形資產。

第一種，現金物資，包括現金出資、實物當資、股份換資。

第二種，技術專利。如果你沒錢，但是有研發產品，有專利技術，可以作為合夥出資的方式。如果你有成熟的產品，不出錢，可以給你10%的股份。如果你只有一個專利，只能給你2%的股份。在實際操作的過程中，股份比重也是可以商量的。

第三種，無形資產。你有好的商標品牌，或你的社會關係廣闊，能對公司融資或業務有所幫助，也可以作為出資的

方式。當然，這種方式是不好評估的。

兩類入夥價值，要注意以下幾點：

第一，出資合夥人與出力合夥人事先達成共識。要以書面的形式，將共識寫下來並簽字，內容主要是經營權和股權（財）的關係要約定好，出資合夥人只在股東層面行使自己的權利，比如投資決定權、融資決定權、分紅決定權、撤資決定權，而不插手經營事務。

第二，出資合夥人是否共用資源。出資合夥人如果擁有與公司相關的資源（如客戶資源），是否可以提供給合夥企業，最好事先確立下來。

第三，出力合夥人最好擁有絕對控股權。只出資不出力、只出力不出資，前者的目標是投資報酬，後者的目標是能力報酬。因此，在合夥之初，出力合夥人最好擁有絕對控股權，以保證公司的發展不被資本綁架，也能激發出力合夥人付出不亞於任何人的努力。

二、三種合夥時態

三種合夥時態包括合夥成立新企業、合夥投資老企業、合夥經營老企業。第一種是主導經營，第二種是無須經營，第三種是管理一部分。參與的程度不一樣，結果就不一樣。

第一種是合夥成立新企業，要求主導經營。企業要評估

你的股份占多少，首先要看有價值的東西。假如你是一位司機，開了 20 年的汽車，但這對企業的發展有什麼價值嗎？這個企業就是合夥企業，只用來投資。公司要準備上市了，計劃做股權激勵，要讓 20 個高階員工持有公司股份。但你不可能一下子增加 20 個股東，上市審核的時候會增加很多麻煩。可以讓這 20 人登記一個合夥企業，讓這個合夥企業持有母公司的股份。當主體公司上市以後，你就持有了上市公司的股票。這家 20 人的合夥企業，還要什麼商標、技術？

第二種是合夥投資老企業，無須經營。高階管理人員成立合夥企業，為老企業投資，這家合夥企業是不需要經營的。合夥企業裡的人才，至少得有兩人到老企業裡工作。老企業本身有總經理、副總經理，這個合夥企業買了你 10% 的股份，還要有兩個人過去工作，這是參與。

第三種是合夥經營老企業，參與經營，甚至主導經營。合夥人需要像創業者一樣，全身心投入經營、投資入股、參與管理，分享企業成長帶來的價值。

三、四維個人估值方法

一個人在合夥事業中股份比重多少，不只取決於出錢多少，出力也是可以折算成股份的。

一個人對公司是否有價值，要看放在什麼地方，放錯地

第四章 落實合夥制的四大步驟

方,就沒有價值了。你的價值、你的錢、你的利益、你的社會關係到底有沒有價值,要看你用在哪個地方。

出錢、出力分別有多種形式,出錢多少一目了然,可是出力怎麼折算成股份呢?到底是出錢重要還是出力重要?這不能簡單回答,要看合夥事業的具體情況。我把合夥事業分為四種情況,如表 4-5 所示。

情形	出錢	出力	合夥企業	對外投資
情形一	所有合夥人	所有合夥人	經營主體	不是對外投資
情形二	所有合夥人	部分合夥人	經營主體	不是對外投資
情形三	所有合夥人	都不出力	投資主體	只對外投資,但不參與經營
情形四	所有合夥人	部分合夥人	投資主體	投資且參與,但不主導經營

表 4-5 合夥事業的四種情況

合夥企業又可以根據經營範圍,分為輕資產企業、重資產企業。

所謂輕資產企業,簡單來說,就是企業的經營與發展主要是依靠人的智力、社會關係等,不需要投資多少固定資產,擴大再生產也不取決於現金流與固定資產,當年的利潤很大比例都可以用來分紅,就是「錢沒有那麼重要,人才才是最重要的」。

第三節　股份分配策略：如何確定合理的持股比例？

所謂重資產企業，特徵與輕資產企業形成相對，恕不贅述。

1. 確定合夥人股份比例的兩個步驟

確定合夥人股份比例有兩個步驟（見圖 4-9）。

第一步，確定各個層面的權重。

想認真做好這一步，其實也不簡單，方法有很多，大致分為三類：主觀權重法、客觀權重法、組合權重法。每一類方法又可以細分成很多種，這裡不一一介紹，在實際工作中，企業喜歡用主觀權重法，其中德爾菲法（Delphi method）較為出名。該方法主要就是透過有經驗的專家，結合現狀來加以權重，並在實踐中不斷得到修正。

為各個層面、角度進行權重	確定每個人的股份比例
主觀權重法	出錢多的，不一定股份多
客觀權重法	合夥人的兩種價值，要麼出錢，要麼出力
組合整體權重法	出錢的可以占股份，出力的也可以占股份

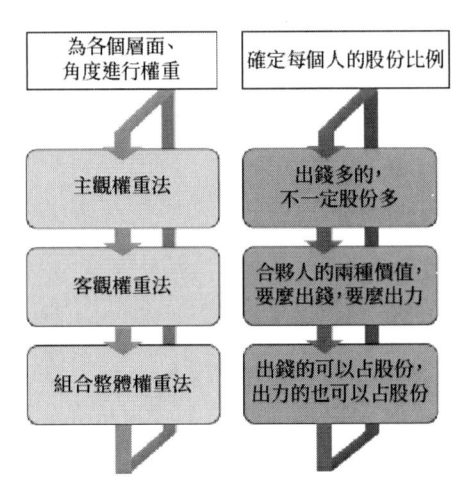

圖 4-9 確定合夥人股份比例的兩個步驟

（1）先給「出錢」和「出力」這兩個因素權重或配分。

（2）因為所有合夥人都是全職，且都是做技術出身的，那職位價值占90%、個人資歷占10%。職位就採用國際通用的「職位價值評估體系」來給分，個人資歷主要看在本行業的經驗、技術職稱等。

第二步，確定每個人的股份比重。

確定每個合夥人的股份所占比例，就又回到前面的那句話：「出錢多的，不一定股份多」，這很重要。這也是合夥制或合夥企業非常靈活的地方。

為什麼會說出錢多的不一定股份多呢？我們知道，可以計入股份的合夥人有兩種價值，要麼出錢，要麼出力。

出錢當然可以直接轉化為股份，這好計算，但出錢也有很多種。出現金，很容易轉化成股份；若出的是技術呢？就要去評估了；出的是無形資產呢？更要評估，要折現，否則無形資產就沒有什麼價值。所以，這三種都是出資的方式。

出力也有兩種，一種是全職，另一種是兼職。全職很好理解，就是在公司有負責的職位，根據職位價值和個人資歷，確定股份比重。兼職的情況也分很多情形，比如平時可以對公司的發展進行指導或提供業務諮詢，遇到緊急狀況可以進行危機公關，還有就是自己的社會資源可以為公司發展提供幫助……這些個人價值也可以轉化為公司的股份。

第三節 股份分配策略：如何確定合理的持股比例？

出錢的可以有股份，出力的也可以有股份。出錢者裡面，出現金的可以有股份，出物資的也可以有股份；出力者根據不同的職位，也可以有股份。我們以一個案例來說明這個問題，讓各位理解什麼叫「出錢多的，不一定股份多」。

案例

有一家汙水處理公司，合夥人共 5 人，一個是公司以法人的方式入股成為合夥人，一個有限合夥人。其他合夥人包括姓鄭的、姓趙的、姓劉的、姓陳的。公司是以股份來入股，姓鄭的和姓趙的是以現金加全職的方式入股，姓劉的以現金加技術加全職的方式入股，姓陳的是以社會關係加兼職的方式入股。

公司把公司股份的 0.5％作為入股到合夥企業裡面的資本，那 0.5％等於 50 萬元，這是折算過來的。姓鄭的出 20 萬元薪水，因為他是全職，全職就有薪水，可以算到本「巴」的成本裡去。姓趙的也一樣，他出 10 萬元薪水，計到這個合夥企業裡面。姓劉的出現金 5 萬元，經內部和法人評估並達成一致，他的技術值 15 萬元，技術以後就屬於這個合夥企業，不是屬於個人的了。當然這個也可以另外協議。他的薪水報酬也計入合夥企業。姓陳的不出錢。

那我們來算股份比重，這樣就可以理解了。由於姓陳的不出錢，也不以任何方式出資，他只是出力，他要占 10％的

股份。那就意味著如果投資 100 萬元到合夥企業,就只有 4 個合夥人來分擔這 100 萬元,但是 4 個人的 100 萬元只能占 90%的股份。

公司以股份等於 50 萬元折算到這個合夥企業裡,就是占了 45%的股份;姓鄭的出 20 萬元的現金,占 18%的股份;姓趙的出 10 萬元,就占 9%的股份;姓劉的出現金 5 萬元加 15 萬元技術,就相當於 20 萬元,占 18%的股份。

這樣一來,合夥企業真正的現金只有姓鄭的 20 萬元,加姓趙的 10 萬元,再加姓劉的 5 萬元,只有 35 萬元。這個技術轉讓也好,公司的股份進駐也好,它不能作為流動資金使用。

所以,我們在協議裡補充說明一句,流動資金不夠時,就向現有的公司,就是那個母公司借貸。原有公司的股東、老闆,要承諾這一條,否則這個合夥企業也是營運不下去的。貸款給合夥企業可以,那麼年息收 10%,對母公司來說,也有好處。

這個時候,我們可以看出來:出錢多的,也不一定股份就多。

沒出錢的姓陳的合夥人占了 10%,而出錢的姓趙的只有 9%。這是第一種,最開始出錢多的,不一定股份多。

關鍵是第二種。前面說的,如果在合夥企業上班,那還

第三節 股份分配策略：如何確定合理的持股比例？

有一份薪水。比如這位姓鄭的合夥人，出現金20萬元，占18%的股份，他是總經理，我們先假設總經理的基本年薪報酬是放在合夥企業裡，讓大家來承擔的，就計入合夥企業的營運成本。

現在我們可以根據表4-6來嘗試評估一下，除了現金出資外的價值，如何折算成合夥企業的股份。

出資折算股份計算方法：

個人出資金額÷總金額×出資占總股份比例

職位價值折算股份計算方法：

個人職位價值分數÷職位價值總分數×職位價值占總股份比例×出力占總股份比例

資歷折算股份計算方法：

個人資歷分數÷資歷總分數×資歷占總股份比例×出力占總股份比例

第四章　落實合夥制的四大步驟

類別				合夥+全程經營		合夥+投資+不經營		合夥+投資主導經營		合夥+投資參與經營	
				輕資產企業	重資產企業	一次投融資	多次投融資	輕資產企業	重資產企業	輕資產企業	重資產企業
出力	全職	職位價值									
		個人資歷									
	兼職	不可替代	平時支持	沿革指導								
				間或顧問								
			危機公關	致命損失								
				重大損失								
				一般損失								
				輕微損失								
		可以替代	內部人情									
			外部人情									

第三節　股份分配策略：如何確定合理的持股比例？

類別			合夥+ 全程經營		合夥+ 投資+ 不經營		合夥+ 投資+ 主導經營		合夥+ 投資+ 參與經營	
			輕資產企業	重資產企業	一次投融資	多次投融資	輕資產企業	重資產企業	輕資產企業	重資產企業
出資	現金物資	現金出資								
		實物當資								
		股份換資								
	技術專利	成熟產品								
		專利技術								
		商標品牌								
	無形資產	社會關係	商業關係							
			政策關係							

表 4-6 四維個人價值評估法

2. 職位職責相同時的股份比例計算

假如所有合夥人都不拿薪水，該怎麼把出力的部分也轉化為股份呢？合夥人的分工有兩種情況：第一種情況，每位合夥人的職位職責都一樣；第二種情況，每位合夥人的職位

第四章　落實合夥制的四大步驟

職責、職位分工都是不同的。

所有合夥人分工都是一樣的,比如律師事務所、會計師事務所。8個人共同登記一個會計師事務所,共同經營,把品牌變強大。

那8個合夥人其實都是借助這個平臺各找各的業務,然後各做各的業務。如果這個合夥人去幫那個合夥人,這個業務誰接的,誰負責支付他的費用。

像這種所有合夥人的職位職責都一樣,怎麼算股份呢?這種情況就是以出資認購的金額作為股份計算比例的基數。

那平臺費用該怎麼算呢?8個人一起合夥,都要辦公室,都要幾個基層人員,還有一些宣傳費用,總之,這個平臺總是有費用的。那麼,就由合夥人均攤,或從每一筆收入中留取一定的比例來承擔,到了年底,多退少補。

比如會計師事務所今年能接到1,000萬元的訂單,可能是張三接的,可能是李四接的,也可能張三、李四各接了一部分。今年的平臺費用預算下來可能是100萬元,那毫無疑問就占10%了。假如今天簽一個單是30萬元,留3萬元,剩下的90%就由這個合夥人去支付你獨立的行銷費用和交付的成本。

這個平臺費用不應該按照合夥人的股份比例來承擔,為什麼呢?股份多的業績未必是最好的。比如我占了60%的股

份,只有 300 萬元的業績;你有 20%的股份,但是你可能有 600 萬元的業績。如果是按照股份比例來分,那股份多的就麻煩了。

這種情況,到底要按照人均來分,還是從每一筆的收入中扣留一部分?兩種分法各有利弊,就看合夥人怎麼想、怎麼規定。比如按照人均來分,它的好處就是促使合夥人努力接業務,這樣大家才能把這個平臺做得更大,把這個合夥企業做得更好,否則你的平臺費用還是要支付的。

從每一筆收回帳款裡留一定比例,也有它的好處,就是你能力強、接單多,就為整個合夥企業貢獻多一點。

3. 職位職責不同時的股份比例計算

現在著重講解第二種情況,在這個合夥企業裡,合夥人的職位職責都不一樣,那麼他的股份該怎麼計算呢?

毫無疑問,股份包括兩個部分:第一部分是出資的部分,不管是實物還是現金;第二部分是職位價值。這兩個部分作為基礎來計算你的股份比例,因為大家都沒有領薪水。

如果領薪水,你的職位價值大,你的薪水就比較多;我的職位價值低一點,薪水就會比較少。這很公平,那剩下的就按照你當初的出資比例來作為占股比例。

平臺費用就很容易計算了。因為大家一起賺到的收入,不像上面所舉的那個例子,你做你的,我做我的,然後必須

第四章 落實合夥制的四大步驟

留一部分給平臺。

合夥人分工合作才能做好合夥企業。當然這個平臺費用就直接從合夥企業裡面支出，這很容易理解。也就是我們5個人合夥做生意，有負責銷售的，有負責研發的，有負責物流的，有當總經理的。我們一起將產品或服務賣給客戶，就有收入了，那平臺的費用，就直接從我們的收入裡面扣減就可以了。

怎麼把職位價值折算成股份呢？我們再來看一個例子。在這家公司，合夥人張三、李四、王五三個人出資100萬元，其中張三出資40萬元，李四出資35萬元，王五出資25萬元。

這幾個合夥人約定出錢的總金額，占股份比例60%，那還有40%到哪裡去了呢？根據個人的職位價值，就所謂的出力來折算。

張三出了40萬元，占60%股份裡的24%股份；李四出35萬元，占21%；王五出25萬元，占15%的股份。這是出錢的部分，出力的部分呢？我們一般是從職位價值來評估，有一個標準的國際職位價值評估體系。

假如評估下來，張三擔任總經理，他的職位價值係數是100分；李四擔任行銷副總，職位價值係數80分；王五擔任技術副總，職位價值係數70分，這樣加起來就是250分。

第三節　股份分配策略：如何確定合理的持股比例？

　　折算下來，張三是 100 分，除以 250 分，再乘以職位價值比重的 40%，等於 16% 的股份；李四是 80 分，用 80 除以 250，再乘以 40%，就等於 12.8% 的股份；王五是 70 分，折算下來就等於 11.2% 的股份。那麼出錢的部分，再加上出力的部分，就算出總共的股份比例，如張三出錢 24%，再加上出力 16%，所以加起來是 40% 的股份。

　　這個案例中，張三出錢多，出力也較多。那假如反過來，張三出錢 10 萬元，李四、王五加起來出資 90 萬元，那張三出錢的股份比重就很低了。儘管張三擔任總經理，職位價值係數高，但因為出錢很少，最後加起來，他的股份就可能不是 40%，但也有可能會比李四、王五更高。

　　也就是說，在這個時候，我們漸漸地能夠領悟到，出錢多的不一定股份就多，為什麼呢？道理很簡單，因為出力也可以轉化為股份，雖然出錢少，但是我的經營價值高，這種情況很多。

4. 核心人員出錢少時，如何分配股份比例

　　在現實中，通常會有幾種情況，就是老闆想在企業內部推行合夥制，很多員工認為自己沒有錢，或沒有這麼多錢，那怎麼辦呢？如果真正要實行合夥制，有人一分錢都不出，這種情況最好不要跟他合夥，哪怕他有能力，我們請他都可以。

第四章　落實合夥制的四大步驟

那這些核心人員沒有錢，出的錢不多，該怎麼辦呢？一般而言，有三種做法：第一，等額；第二，補差；第三，選擇權（見圖4-10）。

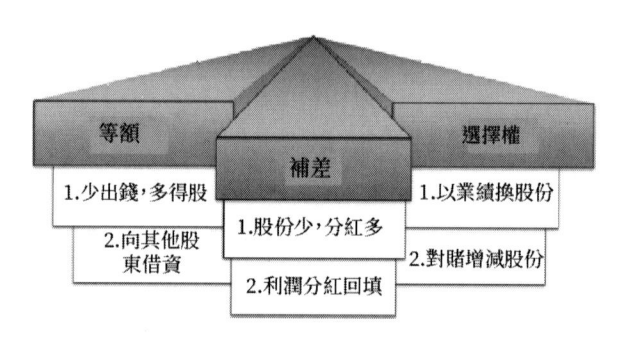

```
        等額                 選擇權
              補差
1.少出錢，多得股    1.以業績換股份
         1.股份少，分紅多
2.向其他股      2.對賭增減股份
  東借資    2.利潤分紅回填
```

圖4-10 核心人員出錢少時，如何分配股份比例

第一，等額。等額又分為兩種：其一，「少出錢，多得股」。比如5個人合夥，共出資100萬元，平均一個人20萬元，20％的股份。那我只有10萬元，但是我又一定要占20％的股份，且我是這個合夥企業裡很重要的人。那該怎麼辦？其他4個人就相當於幫我出10萬元。也就是說，那4個人要出90萬元才占80％的股份，我一個人出10萬元，占20％的股份，這叫「少出錢，多得股」，把「等」的部分補齊了。其二，向其他股東借資。4個人出90萬元，占80％的股份，等於多出了10萬元，這10萬元不是借給這個錢不夠的人，而是直接記到這個合夥協議裡面。還有一種，就是向股東個人借錢，是有寫借據的。這樣一來，你投資也是20萬

元,那你占20%的股份也天經地義。前面那種,是我只出10萬元,就要得到20%的股份。這一種,是我個人只有10萬元,再向各位股東個人借10萬元,出資了20萬元,所以這20%的股份有點不太一樣。

第二,補差。補差也有兩種做法:其一,「股份少,分紅多」。你只出10萬元,那麼你就占10%的股份。我們4個人出90萬元,那我們就占90%的股份。但是先約定好,雖然你只有10%的股份,但是分紅要分20%,可不可以呢?在有限責任公司和股份有限公司的股東協議裡,顯然是不可以的。但是在合夥企業裡是可以的。我出錢占10%的股份,但是我分紅分20%,只要股東之間協議認可,就可以了。

其二,筆者用了股權激勵的一個名詞,叫「利潤分紅回填」,這是什麼意思呢?你出了10萬元,本來只有10%的股份,相當於借了我們10萬元,就占了20%的股份,那你欠我們10萬元。分紅的時候,假如投資20萬元會分紅8萬元,那你不能把8萬元拿走,因為其他股東為你墊了10萬元。第二年分紅9萬元,因為上一年你已經回填了8萬元,還差2萬元,再填2萬元,就可以拿到7萬元。

這裡是說不付利息的情況下,當然也可以增加利息,就是第一年我們借了10萬元給你,相當於幫你墊付了10萬元,每一年的利息假設是10%,那你應該是11萬元。你當年分

第四章　落實合夥制的四大步驟

紅的 8 萬元，回填以後，還差 3 萬元；第二年，3 萬元裡又有 10% 的利息，就是 33,000 元。第二年的分紅 9 萬元，減掉 33,000 元，就相當於你可以拿走 57,000 元。這叫「利潤分紅回填」的補差。

第三，選擇權。選擇權又分為兩種：其一，「以業績換股份」。因為你只有 10 萬元，又擔任行銷副總。你今年出了 10% 的錢，但我們給你 20% 的股份，你業績一定要做到 1,000 萬元或 800 萬元。如果做到了，那你就出 10 萬元，獲得 20% 的股份；如果沒做到，那你出 10 萬元，就只能得到 10% 的股份。其二，「對賭增減股份」，這對合夥企業的最高負責人是很有效的。在現實中，往往有這樣的事例。有能力的人就是沒錢，所以我少出一點錢，你們出資，我來經營。我出 10% 的錢，但是股份要占 40%，因為我有資源，又有能力。你們只是偶爾幫一下，或者職位沒有那麼重要。

這樣可以嗎？可以。雙方約定一個比例，你本身出資 10%，還要 30% 股份。你做到多少業績，再給你 10% 的股份，就是 20% 了；再做多高的業績，再給你 10%，就 30% 了；再做更高的業績，就再給你 40%。

如果沒有做到呢？因為你說有資源，這個生意又好，你又能做，就是沒那麼多錢，我們出資給你，萬一你沒有做到，那就把你的股份減掉。你出了 10 萬元，本來可以占 10% 股份，但你的業績沒有實現對我們的承諾，所以按照規

則,減掉 5%,剩下 5%的股份。

這個時候,可能對這個合夥企業具有一定的風險。這個人投的股份減少了,那他還會不會用心努力呢?真正做事的是他,但他的股份只有 5%,所以其他的合夥人就要更加介入重要的經營職位,否則這個合夥企業是有一定風險的。

現在大家對這個核心句子有一定的理解了 —— 出錢多的,不一定股份多 —— 因為有出力占的股份。我沒那麼多錢,但是透過其他方法來換得股份,所以出錢多的,不一定股份多。

四、五種企業估值方法

針對上市公司和非上市公司,共有五種企業估值的方法,即本益比 PE 法、股價淨值比 PB 法、市場法、收益法和資產法,如圖 4-11 所示。

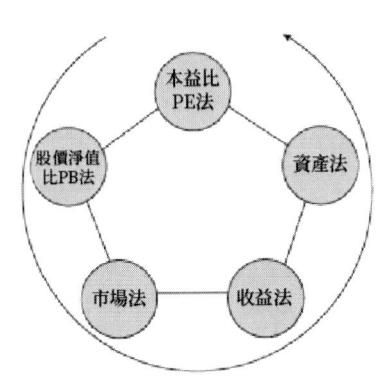

圖 4-11 五種企業估值方法

為什麼要對企業進行價值評估？如果是由合夥人全新成立的合夥企業，當然沒有必要，但如果是10個人成立一家合夥企業，投資到W公司就不一樣了。合夥企業有1,000萬元的資本，不經營，只做投資。W公司說給10個人10%的股份，憑什麼給10%？這就需要先對W公司進行估值了。企業如何估值，方法很多，參考表4-7就可以理解了。

表4-7 五種常用企業估值法

方法名稱	計算公式	參考資料	適用對象
本益比PE法	本益比 = 每股價格 / 每股盈餘 每股價格 = 每股盈餘 × 本益比	本益比可參考同行上市公司資料	輕資產企業
	股價淨值比 = 每股價格 / 每股淨值 每股價格 = 每股淨值 × 股價淨值比	股價淨值比可參考同行上市公司資料	重資產企業
市場法	公司價值 = 本益比 × 未來12個月的利潤或未來3年平均利潤	同行上市公司本益比為30～40倍	適用於成熟或有利潤的企業
		同行同等規模的非上市企業為15～20倍	
		同行規模較小或初創企業為7～10倍	

第三節 股份分配策略：如何確定合理的持股比例？

方法名稱	計算公式	參考資料	適用對象
市場法	公司價值＝市值營收比 × 未來12個月的收入或未來3年平均收入	標準普爾平均市值營收比確定為1.7	適用於初創或無利潤的企業
		軟體公司為10左右	
		零售行業為0.5左右	
		上市公司平均2.13	
收益法	收益率＝每股盈餘／每股價格 每股價格＝每股收益／收益率	初創期收益率50%～100%	適用較廣
		企業早期收益率40%～60%	
		企業晚期收益率30%～50%	
		更成熟的企業10%～25%	
		網路5年成長10倍 平均收益率200%	

137

第四章 落實合夥制的四大步驟

方法名稱	計算公式	參考資料	適用對象
資產法	公司價值＝公司淨資產 × 折算倍數 淨資產報酬率＝稅後利潤／所有者權益	清算階段資產打折 10%～100% 0 元收購但承擔債務 重置階段淨資產 80%～100%無形資產重估	適用於重資產企業，估值最低

第一，本益比 PE 法。

上市公司一般都會應用這種方法估值，適用於輕資產行業。其計算公式為：

本益比＝每股價格／每股盈餘

本益比一般是指企業的利潤狀況。公司去年的利潤有 1,000 萬元，如果把公司賣出去，大概能賣到原本的 7 倍，那公司的本益比就是 7 倍。這個估值一般是參考同行上市公司資料。根據這個公式，我們可以換算成以下公式：

每股價格＝每股盈餘 × 本益比

怎麼知道這個本益比是多少？基本上參考同行的上市公司資料。對買股票的人來說，希望本益比越低越好，最好按原價買。賣的人呢？希望本益比越高越好。

第二，股價淨值比 PB 法。

上市公司多用此法，其適用於重資產行業。計算公式為：

股價淨值比 = 每股價格 / 每股淨值

一般來說，股價淨值比較低的股票，投資價值較高；反之則較低。但在判斷投資價值時，還要考量當時的市場環境，以及公司經營情況、獲利能力等因素。

透過股價淨值比 PB 法估值時，首先應根據審核後的淨資產，計算出每股淨值；其次根據行業情況（參考同行上市公司的股價淨值比）、經營狀況及其淨資產收益等，擬訂估值股價淨值比；最後依據估值股價淨值比與每股淨值的乘積，決定估值。

第三，市場法。

非上市公司一般都會應用這種方法估值。市場法有兩個計算公式，第一個計算公式為：

公司價值 = 本益比 × 未來 12 個月的利潤

這種方法適用於成熟或有利潤的企業。如果同行上市公司本益比為 30～40 倍，則同等規模的非上市公司，為其本益比的 15～20 倍；同行規模較小或初創企業，為其本益比的 7～10 倍。

第二個計算公式為：

公司價值 = 市值營收比 × 未來 12 個月的收入

這種方法適用於初創或無利潤的企業，尤其是看好未來

第四章 落實合夥制的四大步驟

成長的公司,比如網路企業。

第四,收益法。

收益法是指投資的報酬率,非上市公司多採用此法。其計算公式為:

收益率 = 每股盈餘 / 每股價格

常見收益率,即資本成本範圍。企業初創期,收益率是50%～100%,等穩定了,報酬就變低了。為什麼?因為企業初創期風險很大,風險大,理論上收益就大。企業早期收益率在40%～60%,企業晚期收益率在30%～50%,更成熟的企業,在10%～25%。網路企業5年成長10倍,平均收益率200%。

企業越成熟,收益率越低。企業各業務發展已經很成熟,如果有融資的需求,一般都傾向於向銀行貸款。公司沒有別的資產進來,才會要個人的錢。成熟企業的客戶、產品、技術、管道、管理都很穩健,一個穩健的企業要賣,本益比就會很高。

第五,資產法。

非上市公司多採用此法,適用於重資產企業,估值最低,當你用資產來談判時,會很吃虧。其計算公式為:

公司價值 = 公司淨資產 × 折算倍數

應用資產法,主要發生在企業清算階段和重置階段。

第四節
制定合夥協議：確保長遠合作的穩定性

合夥制企業本身就是以合夥協議作為企業的最高行為準則。如果是有限責任公司，它有公司章程，股東協議不能超越公司章程的範圍。而在合夥企業，所有股東共同訂立的、都認可的協議，就是這個企業的最高行為準則。確定合夥協議的流程，如圖 4-12 所示。

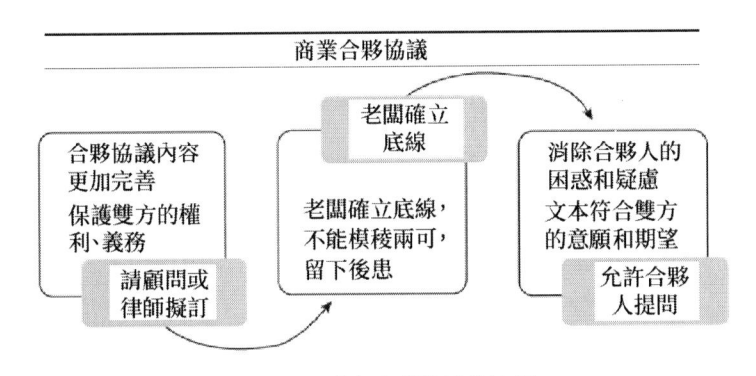

圖 4-12 確定合夥協議的流程

首先設計合夥協議，需要找專業人員幫助。為了避免合夥人相互之間的不愉快，建議找專業顧問來設計協議內容，或找律師，但律師可能只從規避法律風險的角度去做。所以，要真正做好一個合夥企業，包括怎麼經營，怎麼合夥，最好找專家顧問設計，因為他考量問題會比較全面。

第四章　落實合夥制的四大步驟

其次確定協議條款。協議條款的內容包括哪些？這正是下一章要講解的，就是合夥制的五大機制，這五大機制的內容，都要寫進合夥協議裡，以減少、甚至避免不愉快。

因為若協議條款不嚴謹，甚至根本就沒有寫下來，只是口頭上約定，那一旦有分歧，怎麼說得清楚呢？為了避免合夥人以後發生不愉快，或減少不愉快，最好把這個協議條款定得更加合理、嚴謹一些。

合夥制的協議，很多內容要靠協商，比如出資數額、盈餘分配、債務承擔、入夥、退夥、合夥終止等事項，協商好之後，才能訂立書面協議。

最後簽訂協議。簽訂協議還需要一個正式的儀式。

胡博士指點

合夥制作為一種管理機制，適用的範圍非常廣。在實際應用中，不一定剛開始就要登記合夥企業，而是透過大家商定形成協議的方式來操作，等有必要或條件成熟後，再去登記也是可以的。

第四節 制定合夥協議：確保長遠合作的穩定性

本章總結

- 需要什麼合夥人？可透過三維組織確定：橫向組合、縱向組合、時空組合。層次要有高有低，如果合夥制裡的人才都是同一個等級的，就很難形成有效的執行力。
- 選擇合夥人：透過合夥評估表格進行選擇。
- 合夥人首先承擔的是經營責任。
- 確定股份所占比例，主要方法：兩類入夥價值、三種合夥時態、四維個人估值方法、五種企業估值方法。
- 確定協議條款。合夥制的協議，很多內容要靠協商，比如出資數額、盈餘分配、債務承擔、入夥、退夥、合夥終止等事項，協商好之後，才能訂立書面協議。

第四章　落實合夥制的四大步驟

第五章
合夥制運行的五大核心機制

　　合夥是否持久，除了外在競爭的因素對合夥企業造成的影響，最重要的就是內部的合夥制設計是否全面、是否合理。合夥人之間除了簽署必要的法律、法規，各種機制的完善，才是真正決定合夥是否順利、是否持久的關鍵因素。

　　在合夥人的協議中，應該把需要約定的內容都盡可能囊括進來，以避免或減少以後合作時發生不愉快，這些內容就是合夥制的五大機制。

　　合夥制的五大機制包括：第一，責任與授權機制；第二，目標與考核機制；第三，審計與監察機制；第四，分配與激勵機制；第五，退出與結算機制。

第五章 合夥制運行的五大核心機制

第一節
責任與授權機制：
確立權力邊界與職責範圍

很多企業都面臨這樣的矛盾：

老闆：不是不想授權，實在是不敢授權，也不知道如何有效授權——企業越大，老闆越累！

高階管理人員：很想有所作為，卻總在混沌中無奈，職責不清、職權有限——巧婦難為無米之炊！

所以，我們就要在合夥協議中確立責任與授權機制，如圖 5-1 所示。

確立責任
▼
合夥人的分工、責任要明確；
合夥人對具體經營數據負責任；
合夥人承擔所在職位的經營責任

授權機制
▼
授權需要量化、細分；
每位合夥人的權限必須寫入合夥人協議中

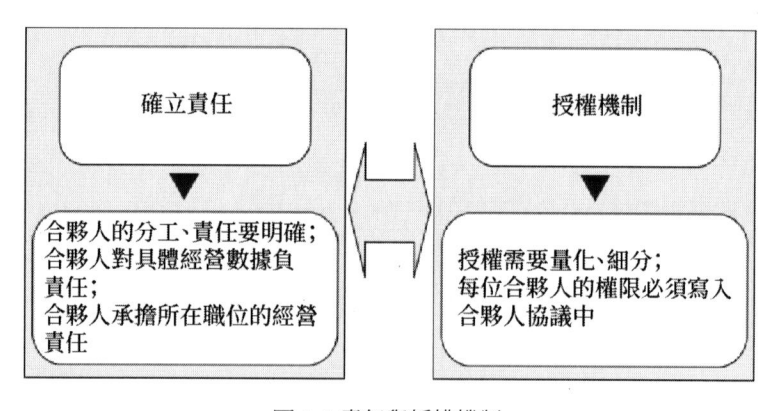

圖 5-1 責任與授權機制

第一節　責任與授權機制：確立權力邊界與職責範圍

一、確立責任

選擇合夥人之後，就要把合夥人的分工、責任確立下來。最好是能連結到企業經營的經濟責任，而不是一些固定的、泛泛而談的責任。確立合夥人是對資本負責、對利潤負責、對成本負責，還對這個預算的費用負責。

在這裡，筆者要特別強調一個觀念，平時我們經常會聽到這樣的說法：「張三對品質負責、李四對研發負責、王五對銷售負責、趙六對安全負責……」而當事情真朝著不利的方向發展，或沒有達到預期目標時，往往又找不到真正負責任的人。為什麼？因為這對責任的界定太空泛了。

我認為，真正合夥人的責任就是 —— 必須對具體經營數據負責。

根據前面談到的杜邦分析法，每個合夥人的肩上必須承擔他所在職位的經營責任。比如：

- 擔任總經理的合夥人，對投資報酬負責。
- 負責研發的合夥人，對研發費用與產品毛利負責。
- 負責製造的合夥人，對產品成本負責。
- 負責財務、行政的合夥人，對管理費用負責。
- 負責銷售的合夥人，對銷售利潤負責。
-    ……

第五章 合夥制運行的五大核心機制

而且這些「負責」，每年都必須量化，沒有達到目標，輕則減少年薪、降級，重則減少股份，直至退出合夥人。

每位合夥人的責任，必須寫入合夥人協議中，或作為合作協議的附件。

二、授權機制

(1) 授權需要量化、細分。

所謂的授權也要量化、細分，不能簡單地說：「把50％的授權給你」，這到底是多少呢？所謂的許可權，包括人事權、財務權、業務權和資訊權。

在人事權方面，我是總經理、部門經理，還是部門的主管？我錄取人的時候，對哪一級有決定權？一般來說，人事任命有一個基本的原則，就是同等級的可以提名，然後隔一級的上級才有權任命。比如調薪、調職、晉升，不同等級的主管，應該有不同的許可權。

財務權也一樣，你得把財務科目細分，然後在不同的科目裡，根據不同的管理者等級，設定不同的金額許可權，不能籠統地說5萬元、10萬元、100萬元。比如生產資料一次100萬元也不算多，但如果是辦公費用，那一次1萬元也不算少。所以，要把財務科目先列清楚，針對不同等級的主管，設定不同的金額許可權。

第一節　責任與授權機制：確立權力邊界與職責範圍

業務權也要界定清楚。比如我是這家公司的行銷副總，那我賣什麼產品？賣給誰？定多少價格？我能不能說了算？如果公司內部的產品，我可以決定賣什麼、賣給誰，那公司外部的產品呢？總之，這些具體許可權，要規定下來。

不同等級的合夥人、不同的管理者，對資訊的知情權也應該有所規定。比如，身為一個合夥人，我有沒有權利知道這個合夥企業的利潤是多少？這個阿米巴的利潤是多少？成本多少？費用多少？這就是授權機制。

由於這一點具有共同性，主要強調的是經濟責任，由經濟責任而發生的相關經營活動，都包含在裡面。

(2) 合夥企業中的事，到底誰最終說了算？

合夥企業中的事，到底誰最終說了算？你可能會想，這還要問，大股東說了算！

這是一個錯誤觀念，很容易誤導我們把權力與個人連結起來。到底誰說了算，必須有明確的規則。人事權、業務權、資訊權、財務權，要清楚賦予高階管理人員為達成目標所需要的許可權。如果規則不合理，可以修改，這種合夥制就會很長久。如果合夥企業裡的職責和許可權不明，這種合夥制很容易瓦解。

比如擔任研發副總的合夥人，要對產品毛利負責，那他對用哪種材料、哪家供應商的材料、什麼價位的材料，是否

第五章 合夥制運行的五大核心機制

具有最終的決策權?

如果有,那他可能會選擇便宜的材料,一旦出現產品品質不良,導致客戶退貨,甚至報廢這些商品,該怎麼辦?

如果沒有,而是由採購經理或總經理決定用哪家的材料、什麼價位的材料,那他怎麼對產品毛利負責?

這方面的內容,在前面也介紹了,且可參考的資料也很多,這裡就不再贅述。

> **胡博士指點**
>
> 　　真正合夥人的責任,是必須對具體經營數據負責。
>
> 　　這些「負責」,每年都必須量化,沒有達到目標,輕則減少年薪、降級,重則減少股份,直至退出合夥人。
>
> 　　記住:每位合夥人的責任和許可權,必須寫入合夥人協議中,或作為合作協議的附件。

第二節
目標與考核機制：
如何衡量績效與分配收益？

第二大機制就是目標與考核機制。不同人，對應的經濟責任就不同。比如對資本負責的人，他的目標導向就是讓資本保值、增值。他的考核一級指標，就是投資報酬或經濟附加價值（EVA）。二級指標可能有很多，比如資本增值率、年化報酬率、資金回收效率、投資管理的費用比重等。

對利潤負責的人，他的目標導向就是超越利潤。一級指標就是目標利潤達成率。二級指標也有很多，比如新客戶的成長率、新產品銷售額占總銷售額的比例、收回帳款及時率等。

對成本負責的人，他的目標導向就是低於目標成本。考核的一級指標應該就是目標成本的控制力，也可以叫達成率。那二級指標可以轉化成設備運轉率、產品直通率、品質合格率及準時交貨率。

對預算費用負責的人，他的目標導向就不太一樣了。他未必要降多少預算的費用，而是要把事情做得更好，因此考核的是各個過程性的指標。比如員工滿意度、員工流失率、專案申報成功的個數、財務費用率等。為什麼要這樣考核？

第五章　合夥制運行的五大核心機制

比如我們要請一位培訓講師到公司內部講課,那不能只看培訓費是否最少。第一,我們要確定培訓的需求到底是什麼。第二,要確定這個培訓師與我們的需求是否相符。比如談論阿米巴,不能只找那些口才好、只會說理論的,一定要找那些做過阿米巴專案的人,他們的內容會比較實用。第三,你還可以去聽聽看這個老師在其他公司的講課內容。這些過程做對了,那你請來的老師應該就是合適的。而不是預算 10 萬元,請一個老師來講兩天,結果你花 1 萬元,請一個老師來講兩天,如果你前面的過程沒有做好,那也許這兩天的培訓是非常糟糕的。

這個阿米巴合夥制的考核,和平時人力資源強調的考核,有什麼異同點?傳統考核往往是把一級指標和二級指標混在一張考核表裡。比如對利潤負責,可能利潤目標達成率占 60%,新客戶成長率占 10%,新品成長率占 10%,銷售費用占 5%,及時收回帳款率占 15%,加起來 100%,這是常見的人力資源考核表。

其實這是把一級指標和二級指標放在一起考量,變成並列關係;而作為對經濟責任的考核指標,它應該是母子關係,或上下級的指標關係,因此考核往往會採用一級指標的得分,乘以二級指標的得分。

在阿米巴合夥制裡,它不是用來考核的,而是用來細分

第二節 目標與考核機制：如何衡量績效與分配收益？

考核目標的一些動作。比如要達到或超越利潤目標，那要對利潤目標進行細分。比如利潤是 8,000 萬元，那 8,000 萬元是怎麼來的呢？你用 1 億元的銷售額，減去 2,000 萬元的成本費用，那就是 8,000 萬元。當然也可以用一級指標的得分，乘以它的權重，就如一級指標 60 分，再加上各個二級指標的得分，再乘以 20%或 30%的權重，也是一種做法。

我們前面說過：「出錢多，不一定股份多」，後面的關鍵問題是：「股份多，不一定分紅多」。為什麼？我們對合夥人的考核與他的分紅連結起來，所以就有考核得分，乘以考核人的股份，就等於分紅的基數。比如某合夥人在整個合夥企業的股份占 30%，但他的考核得分只有 90%，30%×90%=27%，他的股份分紅基數就是 27%。

如果某合夥人的股份還是 30%，最後的業績超過目標，達到了 110%或 120%，那以 30%的股份乘以考核得分，分紅基數就是 33%，甚至 36%。如果大家都做得很好，都超過了目標，最後加起來的分紅基數超過 100%，那就第二次折算。所以這個考核機制跟報酬機制相關，以下會詳述。

在合夥企業中，大家不僅出錢，還要出力，出力就以業績來作為最後的考量。如果你出力，但沒有出業績，怎麼折算成股份呢？我們是以職位價值係數來折算成股份的。

總經理 100 分的係數，行銷副總 80 分的係數，技術副總

第五章　合夥制運行的五大核心機制

70 分的係數……這個係數也是動態的，也許一年評估一次，也許兩年評估一次。比如前期產品還沒上市，那研發副總的職位價值係數可能最高，占 100 分；總經理開始整合資源，為投入經營做好準備，他的係數可能是 80 分；行銷副總這時沒有產品行銷，只是在做競爭對手的調查、招聘業務人員，在這個階段，他的價值係數就只有 60 分。所以，這個係數是動態的。

不能因為你的股份多，就要分得多，這是不公平的。還需要結合靜態的職位價值係數，從業績的角度考量。所以阿米巴合夥制很靈活，很有激勵效果。

案例

有一家企業，某天老闆開會時，問生產部經理：「你為什麼總是不能及時交貨？」生產部經理說：「老闆，我們生產部門的編制從來就沒有滿過。現在人力資源部還差 60 多個工人沒找到，我已經天天加班到 12 點了。」

老闆問人力資源部：「那你為什麼不幫生產部招聘足夠的人呢？」人力資源部經理說：「我這個月招 60 個人，他就要 70 個；我招 70 個，他就要 80 個……我再怎麼補，也補不滿呀！」

生產部經理跟人力資源部經理開始吵架了：「你招聘的人根本就不合格啊！」

我們的顧問說：「公司真正能夠招聘到的人，是因為公司

的品牌、福利待遇進來的,而他們離開的真正原因,薪水固然是其中的一部分,但其實更多的是上下級關係。你可以考核生產部經理,透過生產部經理,把人留下來。」

具體做法是:找100個到職3個月的人員,100個到職3～6個月的人員,100個到職6～12個月的人員,分別統計他們在同一時段生產產品的數量、合格率和產品報廢所損失的金額。

資料顯示,到職3個月以下的,每週生產100件;到職3～6個月的,每週生產130件;到職6～12個月的,每週可以生產140件。我規定每人一週的生產量是135件。合格率:3個月以下的85%,3～6個月的有90%,6～12個月的可以達到96%。我定一個相對的中間值——93%。報廢的金額,3個月以內的,一週報廢200元;3～6個月的,報廢160元;6～12個月的,報廢80元。我允許你的報廢金額控制在200元以內。

設定這個考核指標,生產部經理當然就會想辦法留住員工,否則他的考核指標無法完成,合夥人的分紅就會受到影響。所以考核要真正對經營效率有幫助,這個考核才是有價值的。

有的管理者的口頭禪是:「我只要結果,其餘都是你的事情」。其實現實中,一位優秀的管理者,要不斷輔導部屬,找到業績不良的原因,並進行分析,當然分析也有固定的特性,但更多的希望是定量的。

第三節
審計與監察機制：
確保透明經營與風險管控

第三大機制，是審計與監察機制。就是列一個清單，監察哪些事情，審計哪些事情，列得越詳細，就越能做到有的放矢。

比如一級功能表，是監察經營計畫與執行的情況；二級功能表，包括財務監審、風控監審、日常營運監審。營運監審又包括採購監審、行銷監審等。那採購監審，包括對採購的流程、對供應商的選擇、對價格等方面的監審。行銷也是一樣的，對廣告投放的正確性進行監審，總之，要列個清單出來。

需要注意的是，審計監察者不能變成被審計監察者的管理者、頂頭上司。審計監察只能關注他做的事情是否合規，至於這個事情本身該不該做，不是審計監察的責任，也不在他的權力範圍內。

第三節　審計與監察機制：確保透明經營與風險管控

> **胡博士指點**
>
> 　　審計，是對結果的判定，監察是對行為過程的監督。收入有沒有達到目標，這是對結果的審計。對過程呢？這個合約你有權簽訂，但監察部門隨時有權來看你有沒有超越許可權。

第五章　合夥制運行的五大核心機制

第四節
分配與激勵機制：
讓合夥人擁有最大動力

我們在前面詳談了「出錢多的，不一定股份多」，在這裡就詳細闡述「股份多的，不一定分紅多」。這兩個方面的內容，是合夥人機制的核心內容。

「股份多的，不一定分紅多」，意味著你的績效不好，就會影響你的股份比例。不能因為拿到這麼多股份，以後就算你躺平，也照這個股份來分紅。

本節內容尤其重要，也很複雜，筆者將本節知識點及其邏輯關係寫出來，方便讀者理解。

一、分配機制

我們前面強調，每位合夥人都有合夥價值，有的出錢，有的出力，有的出無形資產（比如商標、某個人在這個領域的權威或知名度等），否則其他合夥人就不會與他合夥了。但在不同目的的合夥企業中，出錢、出力、出「名」的價值，是要重新被評估的。比如一個投資性的合夥企業，主要是把錢集中起來做投資，那個人的學歷、資歷、能力等，就不需要

第四節　分配與激勵機制：讓合夥人擁有最大動力

被用來占股份，股份比例只需要按出資多少來定。假如我們需要以產品帶動行銷，而不是以行銷帶動產品，那這個與技術相關、與產品相關的人，即使投的錢少，拿的股份也不會少。股份確定了，怎麼分配？怎麼激勵？

合夥制的分配，主要包括四種收入來源、三種分紅方法、三個增值收益。

(一)四種收入來源

合夥人的收入來源，歸納為四種：薪水（工作報酬所得）、獎金（超額貢獻所得）、股息（資本保障收益）、紅股（資本增值收益），如圖 5-2 所示。

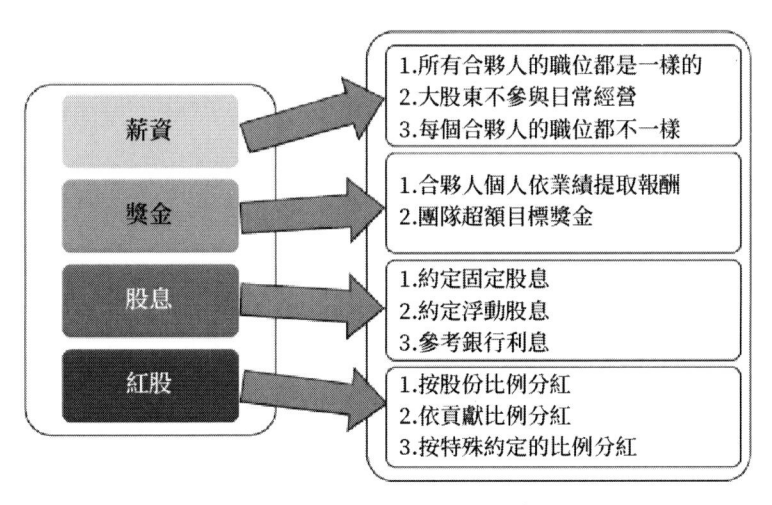

收入類型	說明
薪資	1.所有合夥人的職位都是一樣的 2.大股東不參與日常經營 3.每個合夥人的職位都不一樣
獎金	1.合夥人個人依業績提取報酬 2.團隊超額目標獎金
股息	1.約定固定股息 2.約定浮動股息 3.參考銀行利息
紅股	1.按股份比例分紅 2.依貢獻比例分紅 3.按特殊約定的比例分紅

圖 5-2 合夥人的四種收入來源

第五章　合夥制運行的五大核心機制

為什麼是這四種？比如4個人合夥創立一家會計師事務所，一共投資100萬元，用於登記、辦公、宣傳等。假設每個合夥人的股份都是25％，即每人出資25萬元，4個人都是優秀的會計師，未來的經營不是靠某一個人，是靠4個人一起努力。結果一年下來，公司80％的業務是我一個人找來的，其他3個人找了20％的業務，然後說照股份分紅，當然是不行的！所以，合夥制如果按股份來做，真的太簡單了，那就是有限責任公司。

1. 薪水 —— 工作報酬所得

這裡也有三種情況：

(1) 所有合夥人的職位都是一樣的。

如果每個合夥人的工作性質都是一樣的，也就是說，每個人在職位上沒有分別。比如會計師事務所、律師事務所，每個合夥人都是會計師、律師，都要自己對外找業務，那大家的薪水當然是一樣的，或差別不大。其中，某位合夥人兼職負責事務所的日常事務，那就單獨增加一份薪水或津貼；如果是全職負責經營，自己的客戶資源都貢獻出來讓給其他會計師、律師去承接，那他的薪水與其他合夥人就不一樣了。

5個合夥人投資一家餐廳，每個人都有另一份薪水，整個日常經營管理的團隊都是聘請的，但這5個合夥人都是有

社會資源的,他們都兼職介紹大企業到這裡接待客人、舉行宴會等,因為這些活動多少需要一定的時間與交際費用,所以平時每人每月發 30,000 元,包括薪水和業務費用,就不再核銷其他費用了。

(2)大股東不參與日常經營。

我們可以對每一位合夥人做約定,約定基本年薪或約定一個比例來抵年薪。比如,合夥企業一共有 5 個合夥人,大股東不參與經營,還有 4 個合夥人參與經營。然後大股東提出:4 個合夥人不能拿薪水,如果有利潤,可以從利潤裡面拿出一部分來作為薪水。平時如果有合夥人需要用現金,可以預支。

也就是說,如果今年的目標利潤是 1,000 萬元,大股東拿利潤的 20%,也就是 200 萬元,作為 4 個合夥人的年薪。那 4 個合夥人又根據職位的價值係數評估,有的可能是 60 萬元,有的可能是 30 萬元。

如果達不到 1,000 萬元,只達成 500 萬元呢?大股東也拿出 20%,即 100 萬元,讓 4 個合夥人去分。這就是經營不好的時候,相當於做個抵押,降低你的年薪。

如果合夥企業做得非常好,今年預算做 1,000 萬元的利潤,且這 1,000 萬元的利潤,主要是集團內部交易帶來的。因為集團內部允許對外銷售,所以今年有 2,000 萬元的利

第五章 合夥制運行的五大核心機制

潤,其中 1,100 萬元是對外銷售帶來的,900 萬元是對內銷售帶來的。根據當初協議規定,也是拿利潤的 20% 出來分,就有 400 萬元,4 個人平均能分到 100 萬元,這樣就會有激勵作用。

大股東或出資較多的合夥人,不參與日常的經營管理,就意味著要在其他合夥人中選擇總經理、副總經理等高階管理人員,或者外聘。

外聘高階管理人員的定薪方式,一般都是採用「固定年薪+業績獎金」的模式,至於金額多少,就取決於市場薪酬水準,加上雙方談判。筆者在這裡就不詳細介紹了。

如果從其他合夥人中選高階管理人員,年薪和獎金就不可能完全市場化,通常有以下三種處理方法:

1)固定月薪+年終超額獎金。

約定一個相對市場薪酬水準而言較低的月薪,一般在 50%～80%,再加上超額完成目標利潤的獎金。既然固定薪水偏低,又是超出利潤目標的,那獎金比例就應該高一些。要高多少呢?當然需要具體的數據來加以測算。很多時候,會給一個最高限度的數字,畢竟獎金也是年薪的一部分,應該有個限額。它不是分紅,分紅當然是沒有限額的。

2)約定年薪總額,部分以分紅的方式展現。

比如市場上同等規模、近似行業的企業,全面負責日常

第四節　分配與激勵機制：讓合夥人擁有最大動力

經營管理的總經理，其薪酬水準是年薪 120 萬元，合夥人一致約定自己的合夥企業中，這位總經理的年薪為 84 萬元。當然他也同意，畢竟是為自己工作，更大的收益不能指望年薪，而是展現為利潤分紅、資產增值，甚至是上市。

那我們可以做以下約定：

第一，每月發放固定薪水 5 萬元，即固定年薪 60 萬元，剩餘 24 萬元採用優先分紅的方式發放。

第二，預測當年的利潤，比如 300 萬元，那就約定 24÷300=8％的利潤，用於抵未發放的年薪。

第三，利潤預測由總經理操作，由合夥人會議審核通過。

第四，固定月薪＋優先利潤分紅的總金額，不得超過年薪的 3 倍。

第五，除固定月薪外，採用分紅的年薪餘額，不設最低標準。

大股東或投資最多的合夥人，將經營管理的最高許可權都給你了，能不能賺到錢，就看你這位總經理有沒有本事了。

3) 年薪全部以優先分紅方式呈現。

這與上一條規則有點類似。合夥企業看好你這個總經理的能力、經驗，雖然你出錢不多，但就指望你出力了。你對

第五章 合夥制運行的五大核心機制

經營也有信心,我們就做好以下約定:

第一,年薪 100 萬元,平時一分也不發,如果急需用錢,而且在公司有利潤的前提下,可以預支部分,全年預支總額不得超過年薪的 30%,即 30 萬元。

第二,年薪 100 萬元,相當於預測利潤的 15%,最高標準 3 倍,不設最低標準。

第三,平時預支的金額,從年薪中扣除,如果不夠扣,就從投資分紅中扣除。當年分紅不夠扣時,就從次年年薪或分紅中扣除,直至填補完畢。

為什麼要這麼設計?道理和上一條是一樣的。

(3)每個合夥人的職位都不一樣。

這種情況其實很多,每個合夥人的薪水到底定多少呢?這就取決於不同的職位價值了。也許出錢少的那位合夥人,他的職位很重要,或職務很高,除股份外,他的薪水也就會比較高。這在第四章「確定股份所占比例」一節中有詳細介紹,就不重複了,這裡主要說明一下制定薪酬的主要方法。

這種方法主要是根據職位價值的高低,結合市面上的薪水水準來確定,當然也可以一起商量,約定每位合夥人的基本年薪。

筆者著有《三三制薪酬設計技術》一書,可以參考借鑑。企業為你支付多少薪水,取決於你的三個價值。

第四節　分配與激勵機制：讓合夥人擁有最大動力

三大價值導向的關係，如圖 5-3 所示。

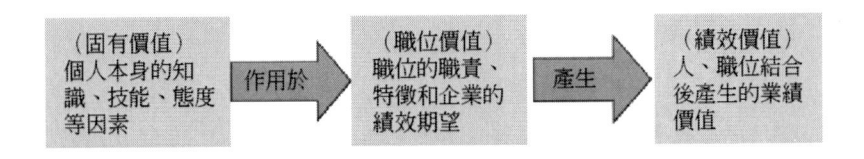

```
(固有價值)                    (職位價值)                 (績效價值)
個人本身的知    作用於        職位的職責、    產生        人、職位結合
識、技能、態度               特徵和企業的                後產生的業績
等因素                       績效期望                    價值
```

圖 5-3 三大價值導向的關係

1）個人價值。

個人價值亦稱「固有價值」，即個人本身所具有的價值，不易隨著服務對象、職位的改變而發生太大的變化，主要包括學歷、專業、職稱、資歷、素養等。承認一個人的固有價值，就是承認一個人對未來有積極影響的經歷。

有人說：「英雄不問出處，我只要績效，你的高學歷、職稱，對公司有什麼作用？」「有本領就拿績效來跟我說話！」其實不然，有以下原因：

第一，英雄也有熟悉環境的過程，甚至可能會提出一些讓績效帶來巨大變化的措施，因而短期內不一定可以獲得非英雄的績效。如果只唯績效論，那對中長期策略性人才培養和保留，是很不利的。

第二，從潛力方面而言，他們更有可能被培養成公司未來的中堅力量，從而形成公司的人才團隊，而這個團隊的成員，是不容易在短時間內被外來者取代的。

第五章　合夥制運行的五大核心機制

第三，從機率上來說，學歷、專業和素養等有優勢的員工，能在工作中表現出更多績效所不能反映的「附加價值」，如溝通成本低、能提出建設性意見、完善自我的工作細節等。

2）職位價值。

職位價值亦稱「使用價值」，即把具有一定固有價值的員工，安排在某一特定的職位上，而職位的職責與特徵，是決定員工所能做出貢獻大小的基礎平臺。從理論上來說，職位價值是不會因為擔當該職位的責任者不同而發生變化的，它是一個相對靜態的價值係數。

傳統的薪酬體系，強調職務等級，而忽視職位價值。大家都是部長，所以薪水是同一等級；我們都是工程師，所以我們的薪水一樣……這很不合理。銷售部長和總務部長的職位價值怎會是一樣的呢？研發工程師和生產工程師的薪水可以相同嗎？所以，工作職位的價值肯定有大小的差別。

3）績效價值。

績效價值，即員工在某一特定職位上為企業創造的價值，且這個價值值得企業產生購買行為。因為從僱傭關係的意義上來說，員工其實也是一種商品，只不過阿米巴所購買的不是員工這個人，也不是學歷、專業、職稱等固有價值，而是員工在工作期間運用固有價值所創造出來的績效。

第四節 分配與激勵機制：讓合夥人擁有最大動力

有了這三大價值導向，企業在進行合夥人薪酬設計上，就有了理論依據和科學的解釋。

2. 獎金 —— 超額貢獻所得

獎金部分可以以合夥人個人的業績分紅，當然我們更希望合夥人帶團隊，最好是拿團隊的業績提取報酬。比如銷售經理，如果他跟下面的業務員都一樣拿銷售分紅獎金，那業務員是搶不過他的，因為他手上的資源很多。這種模式，有可能導致銷售經理個人業績的分紅獎金很多，但整個團隊業績卻很差。

所以在這個合夥企業裡，擔任重要職位的合夥人，最好不拿個人分紅獎金，他的業績應展現為團隊的業績。這樣他就會全心把團隊帶好，而不是一味只想著個人業績。比如帶團隊可以做 1,000 萬元的銷售額，他個人可以做 300 萬元，如果銷售經理拿個人分紅獎金，整個公司可能只有 400 萬元銷售額，帶團隊只加了 100 萬元，因為銷售經理會努力做個人業績。如果放棄個人，而強調團隊分紅獎金，那毫無疑問，這個銷售經理就會把團隊的業績看得很重。

哪種情況適合個人分紅呢？還是以合夥創立會計師事務所為例，4 個人合夥，可以不發薪水，但有個人分紅獎金（如每做一筆生意，就把營業收入的 10% 作為獎金），這也是可以的。

第五章　合夥制運行的五大核心機制

哪種情況適合團隊超額目標獎金呢？在會計師事務所，你身為銷售人員，只是談成一個專案，幫客戶做帳。你拿走銷售的分紅，負責做帳的會計師就沒有獎金了。如果把會計師分成四個經營小組，4個合夥人分別負責一個小組。與此同時，把20個會計師平均分配到四個小組，每個小組確定團隊的經營目標是300萬元，但你的小組貢獻了600萬元，超出的部分，就作為團隊超額目標獎金。

當然，如果這家合夥企業不像會計師事務所、律師事務所，而是每個合夥人擔任不同的職位，那合夥企業內部各部門最好做成阿米巴，實行內部交易。根據分、算、獎經營模式，阿米巴的核算形態可以分為四種，如表5-1所示。

表5-1 阿米巴的核算形態

核算形態	簡要描述	考核指標	部門舉例
資本型	經營資本，包括現金、實物、證券等	投資報酬率	資金部、投資部、證券部
利潤型	透過主觀努力，可以擴大收入與利潤	目標利潤達成率	對外的銷售部門，可以透過主觀努力來影響對外銷售的研發部、產品部、品牌部等
成本型	主觀努力很難增加收入，只能降低成本	目標成本降低率	生產部、施工部、採購部

第四節　分配與激勵機制：讓合夥人擁有最大動力

核算形態	簡要描述	考核指標	部門舉例
費用型	做哪些事、花多少錢，不求省錢為第一目標，但求把事情做得更好	行為指標、過程指標	人事部、行政部、總經理辦公室、財務部

可以看出，資本型、利潤型、成本型阿米巴只要超出考核指標的要求，就可以拿到目標超額獎金。但費用巴由於沒有具體的經濟財務指標，所以不適合把降低費用當作獎金的基數，否則可能導致服務品質下降，因此對他們的考核，只是過程性指標，即看過程是否正確，而不看是否省錢。

薪水、分紅、獎金都需要計入合夥企業的營運成本，這裡順便介紹一下合夥企業的公共費用該如何處理。所謂公共費用，當然是指那些無法直接計入某個合夥人身上的費用，比如辦公室租金、水電費用、物業管理費用、辦公費用、行政人員的薪水與福利等。

這些公共費用的分擔方法，主要有兩種：

第一種，按合夥人人頭數平均分擔。

假如整個會計師事務所一年的日常支出是 200 萬元，那平均每個人分攤 50 萬元，這個很容易理解。

第二種，按各合夥人的營業收入分擔。

誰的營業額高，誰就多分攤一些。你做了 150 萬元的生意，那麼你就分攤多一些費用；剩下三個人才做 50 萬元，那

第五章　合夥制運行的五大核心機制

就分攤少一些。

通常的做法，是先預算年度公共費用及營業收入，確定「預算公共費用 ÷ 預算營業收入」的比例，然後每發生一筆營業收入，就先扣除公共費用，剩下的金額，才由這個發生業務的合夥人去支配，比如直接人力、行銷費用、稅金等。年終結算一次，實收金額與實際發生的公共費用的差額，多退少補。

兩種方法各有利弊：

如果每個人平均分攤費用，就會出現有的合夥人虧損的現象，因為收入少，分擔的費用高，收入還不夠分攤共同費用。

如果按營業收入分攤，有的合夥人也會認為不公平，因為營業收入多的合夥人不一定多占用公共資源，憑什麼就要多分攤呢？

按平均分攤還是按營業收入分攤？最好在合夥以前，把規則說好，然後按規則辦事。

如果合夥企業不是每位合夥人各自開發業務，而是按職能操作的模式，那麼就不能用以上兩種方法分攤，而是直接將公共費用計入合夥企業的營運成本中。比如 A 合夥人做研發、B 合夥人做生產、C 合夥人做銷售。

如果合夥企業內部採用阿米巴模式，那麼也是各自承擔費用。

3. 股息 —— 資本保障收益

我們前面說過「出錢多的，不一定股份多」，那多出錢有什麼用呢？我們可以每年約定一定的基本年息，這完全根據你出多少錢來分。沒有出錢的，這部分就沒有。

回到前面說的那個汙水處理公司的案例，有一個是以社會關係、無形資產這種社會資源來入股的，他沒有出一分錢。假如合夥企業今年有 100 萬元的利潤，而約定年息是 10%，那其他三人一共出了 35 萬元的現金，就有 3.5 萬元的利息。100 萬元的利潤裡先扣掉 3.5 萬元，我們叫股息。簡單來說，可以參考銀行的利息來處理。

當然你也可以做一個係數，比如股息相當於銀行利息的 1.1 倍或 1.2 倍。有了股息，才可能有股份分紅。那到底哪個優先呢？比如 35 萬元股息的 10%，就要 3.5 萬元，也許公司今年利潤只有 3 萬元，那到底是優先完成股息，還是優先完成分紅呢？這個大家也可以約定。比如優先完成股息，那利潤不夠分股息，還欠 5 萬元，可以明年再說，分紅就一分都沒有了。

假如有 5 萬元的利潤，公司先扣除 3.5 萬元的股息，分紅就只有 1.5 萬元了，然後再根據股份比例，還有分紅的係數，分這 1.5 萬元，這個也很容易理解。

回到合夥的基本原則，有的出錢，有的出力，有的出

第五章　合夥制運行的五大核心機制

「名」,有的三者或兩者都出。因此,整體上我們應該遵循「就出錢而言,出錢多的應該比出錢少的收益多;就出力(業績)而言,出力多的應該比出力少的收益多」這個基本原則。當初我雖然出錢多,但我出力不夠,因此綜合下來,我的股份比重較少,這個我認了,但畢竟我多出了錢,至少在出錢方面,我不應該吃虧吧!為了收益公平起見,就必須引出「股息」這個概念。

比如4個人合夥創立一家會計師事務所,每個人投資25萬元,占25%的股份。公司賺了錢,派發股息時,如果每個人都是25%的股份,股息都是一樣的,可以不派發股息。如果每個人的投資款項有差額,有人投資20萬元,有人投資30萬元,還有人投資15萬元,有差距的時候,股息才有價值。投資的金額不一樣,又不能完全按照股份比例分紅,那多投資的總得有好處,這個時候,就需要把股息算清楚,可以保障資本收益。

股息是指合夥公司從稅後利潤中,按照股息率,派發給股東的收益,是付給資本的報酬。確定股息的方法通常有三種:約定固定股息、約定浮動股息、參考銀行利息。

(1)約定固定股息。

合夥企業如果是輕資產,那價值的創造,主要取決於人才,而非資本。但說到底,股息其實也是一種資本利得,也

第四節　分配與激勵機制：讓合夥人擁有最大動力

是要講究投資報酬的。因此，約定股息就有很多技巧，或者說是注意事項。

- 一般不會低於銀行同期年息。道理很簡單，銀行利息是無風險性收入，而投資到合夥企業就很難說了，說不定血本無歸呢！因此高一點也正常。
- 每位合夥人的投資金額差距大，支付股息當作股份分紅的意義才大，多出錢的合夥人，在出錢方面能有更多收益。
- 一般約定在多少較為適合呢？從筆者多年做諮詢專案測算的資料來看，多數在 8%～12%。

固定股息的做法也是有利有弊的。

利的一面：操作簡單，大家約定一個比例就可以了。

不利的一面：當利潤不多時，去掉固定的股息，就可能導致沒有利潤用於分紅了，於是多出力和少出力的合夥人，在「出力」方面的收益就沒有差別了。

比如四位合夥人共投資 1,000 萬元，約定股息為 10%，即一年總股息是 100 萬元。那麼，有可能出現以下三種狀況：

A. 當年的利潤小於 100 萬元，連固定股息都不夠支付，雖然可以約定從明年的利潤中優先補足，但這樣就沒有分紅了。

B. 當年的利潤等於 100 萬元,全部用於支付股息,第二年的流動資金就沒有了,業績好的合夥人也沒有分紅可以激勵。

C. 當年利潤大於 100 萬元,比如 120 萬元,只有 20 萬元是分配給「出力」的,更多是分配給「出錢」的,在以智力為主的輕資產行業,豈不是顛倒了智力資本大於貨幣資本這個公認的事實嗎?

(2)約定浮動股息。

所謂浮動股息,通常的做法是約定年度利潤的一個比例,用於支付總資本的股息,有的會加最高限額、最低限額的條款。

再以剛才那個例子來說明,四個人投資 1,000 萬元創建合夥企業,約法三章:

- 每年以利潤的 20% 支付股息,利潤的 80% 用於股份分紅,且股息支付優先。
- 總股息不能低於 50 萬元、不能超過 200 萬元。
- 股息低於 50 萬元時,從次年利潤中優先填補;高於 200 萬元時,多餘部分用於股份分紅。

現在我們假設以下幾種情況,以便理解「約法三章」的內容。

第四節　分配與激勵機制：讓合夥人擁有最大動力

A. 假設某年的利潤是 120 萬元，按約定，就用 24 萬元來支付股息，可是違背了「總股息在 50 萬～200 萬元」的約定，這時用利潤的 20% 來支付股息，顯然是不夠的。

為了確保股息的最低值，即 50 萬元，就從當年利潤的 120 萬元中拿出 50 萬元，即占利潤的 50÷120=41.67% 用於支付總股息，剩下的 70 萬元用於分紅。

B. 假設某年的利潤是 1,500 萬元，如果用 1,500×20%=300 萬元來支付股息，顯然又高於「總股息在 50 萬～200 萬元」的約定，因此只需要用 200 萬元來支付股息，而剩下的 1,300 萬元用於股份分紅。

(3) 參考銀行利息。

這種方法最簡單，通常也有兩種做法，即按銀行一年或五年整存整付的年息。

4. 紅股──資本增值收益

紅股，即資本增值收益，簡單來說是股份分紅。合夥企業的分紅規則不像有限責任公司或股份有限公司那麼刻板，只是按股份比例分紅。合夥企業的最高遊戲規則，就是合夥人之間共同簽署的協議，而且不會因為是「私法」面對「公法」，效應就低一級。也就是說，只要在沒有違背國家相關法律、法規的前提下，可以「愛怎麼約定就怎麼約定」。以下介紹合夥企業常見的三種分紅方法（見圖 5-4）。

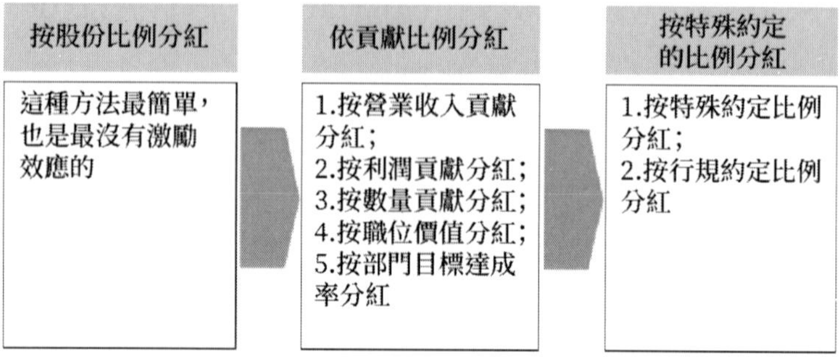

第五章　合夥制運行的五大核心機制

按股份比例分紅	依貢獻比例分紅	按特殊約定的比例分紅
這種方法最簡單，也是最沒有激勵效應的	1.按營業收入貢獻分紅； 2.按利潤貢獻分紅； 3.按數量貢獻分紅； 4.按職位價值分紅； 5.按部門目標達成率分紅	1.按特殊約定比例分紅； 2.按行規約定比例分紅

圖 5-4 合夥人的三種分紅方法

(二)三種分紅方法

1. 按股份比例分紅

這種方法最簡單，也最沒有激勵效應。

所謂按股份比例分紅，就是按登記時的股份比例來分紅。前面說過，出錢多的，不一定股份多，因為確定每個合夥人的股份比例時，可能考量了出資以外的其他因素，比如職位價值、社會資源等，但在公司登記時，總歸是要確定每個人的股份比例，就算不登記，只是企業內部的合夥制，也必須確定每位合夥人的占股比例。

但是這種做法有後患，因為隨著時間的推移，當初的職位價值會發生變化。就算我們的職位都是一樣的，比如五個合夥人中，只有一個是管生產的，一個是總經理，其餘三個都是銷售人員，那三個人都沒有拿薪水。毫無疑問，三個銷售人員的職位價值係數是一樣的。如果三個人剛好出的錢也

第四節　分配與激勵機制：讓合夥人擁有最大動力

一樣,那從理論上來說,這三個負責銷售的合夥人,報酬就應該是一樣的。

但現實中,三個人做的業績,肯定不可能一模一樣。所以完全按股份來分紅,就產生不了激勵作用了。所以有時候,我們會按貢獻來分紅。

2. 按貢獻比例分紅

這種分紅方式,又可分為按營業收入貢獻分紅、按利潤貢獻分紅、按數量貢獻分紅、按職位價值分紅、按部門目標達成率分紅五種做法。前三種適用於每位合夥人的職位都是相同的情況;第四、第五種分紅方式適用於每位合夥人的職位不是相同的情況。以下分別進行介紹。

(1)按營業收入貢獻分紅。

什麼叫按營收的貢獻來享受分紅呢?就是當初分配的股份比例,再乘以一個營收貢獻的比例。舉一個簡單的例子,5個人的職位都是一樣的,股份比例也相同,各20%,張三為這個企業帶來的營業額是1,000萬元、李四帶來的營業額是800萬元、王五帶來的營業額是600萬元……等等。那毫無疑問,就應該按照你為這個團隊帶來的價值去做利潤分配,至少會乘以當初規定的股份比例。

這種分紅方式有幾個適用前提:
◆ 每位合夥人的股份比例很平均。

第五章 合夥制運行的五大核心機制

- 每一筆營業收入或每個專案、每個產品形成的收入中，所消耗的成本比例是接近的。比如一個收入 100 萬元的專案，其成本、費用為 80 萬元，即總支出占總收入的 80%，那另一個 60 萬元的收入，其總支出比重也在 80% 左右。
- 平時個人獎金、超額獎金低，大部分都留在公司，形成較大的稅前利潤。

具體內容見，表 5-2。

表 5-2 按營業收入貢獻分紅

單位：萬元，%

合夥人	股份	營業收入	營業收入所占比例	直接成本	成本比例	公共費用	利潤	分紅
張三	24	120	18.18	95	79.17			17.07
李四	26	180	27.27	145	80.56	37.12	93.88	25.60
王五	25	200	30.30	158	79.00			28.45
趙六	25	160	24.24	131	81.88			22.76
合計	100	660	100.00	529	80.15	37.12	93.88	93.88

假如把當年全部利潤都分紅，則按表 5-2 分配；若要留待次年現金和公積金，則在分紅前扣除。

(2)按利潤貢獻分紅。

如果利潤算得清楚，最好按照每個人的利潤貢獻分紅。

第四節 分配與激勵機制：讓合夥人擁有最大動力

比如我們三個人都是做銷售的，你的銷售額高，但未必利潤就高，而為企業真正帶來貢獻的，還是利潤。所以按利潤貢獻來分紅也是可以的，甚至更加合理。

這種分紅方式有幾個適用前提：

◆每位合夥人的股份比例都很平均。

◆每一筆營業收入或每個專案、每個產品形成的收入中，所消耗的成本比例差異較大。

◆平時個人獎金、超額獎金低，大部分都留在公司，形成較大的稅前利潤。

具體內容，見表 5-3。

表 5-3 按利潤貢獻分紅

單位：萬元，%

合夥人	股份	營業收入	直接成本	成本比例	毛利貢獻	貢獻比例	公共費用	利潤	分紅
張三	24	120	95	79.17	25	26.32	37.12	57.88	15.23
李四	26	180	162	90.00	18	18.95			10.96
王五	25	200	177	88.50	23	24.21			14.01
趙六	25	160	131	81.88	29	30.53			17.67
合計	100	660	565	85.61	95	100.00	37.12	57.88	57.88

(3) 按數量貢獻分紅。

按數量貢獻分紅，就是單價差異不大，投入的成本費用

第五章 合夥制運行的五大核心機制

也不大,為了方便簡單,就直接計算數量。

比如擁有社會資源的合夥人,需要做的就是約見公關對象。合夥時就規定,你今年應該約見 10 個某級別的人,介紹給我們的銷售人員。約見並介紹一個,就算 5 分的權重;更高級別的,權重 8 分;再高的,權重 15 分,最後按這個數量去計算他的貢獻價值,也是可以的。

這種分紅方式有幾個適用前提:

◆ 每位合夥人的股份比例很平均。
◆ 每次營業活動帶來的收入及對應的直接成本比例差異較小。
◆ 平時個人獎金、超額獎金低,大部分都留在公司,形成較大的稅前利潤。

具體做法,根據表 5-2、表 5-3 調整,這裡就不再詳細列表了。

(4) 按職位價值分紅。

前面也說過,職位的係數有高有低,職位價值有大有小,會影響最終的股份分紅。也就是股份多,但貢獻少,分紅就不一定多。

所以每一個合夥人都要全心全意出力,把這個合夥企業或合夥制的阿米巴經營好。不然無論好壞都分紅這麼多,那就不符合我們設計合夥制的精神和要領了。

第四節　分配與激勵機制：讓合夥人擁有最大動力

這種分紅方式有幾個適用前提：

◆ 每位合夥人出資所占的股份比例很接近，但沒有按職位價值重新配股的。

◆ 按職能流程共同創造價值，彼此相互依存。

具體做法，見表 5-4。

表 5-4 按職位價值分紅

單位：萬元，%

姓名	職位	出資金額	股份比例	職位價值	價值比例	利潤	股息10%	分紅	綜合所得
張三	總經理	200	20	897	29.64	425	20	96.34	116.34
李四	行銷副總	300	30	803	26.54		30	86.24	116.24
王五	設計總監	250	25	719	23.76		25	77.22	102.22
趙六	生產總監	250	25	607	20.06		25	65.19	90.19
合計		1,000	100	3,026	100.00	425	100		

注：個人分紅＝（利潤－股息）×個人價值比例；個人綜合所得＝個人股息＋個人分紅。

(5) 按部門目標達成率分紅。

這種分紅方式有幾個適用前提：

◆ 企業內部實施阿米巴模式，每位合夥人負責的部門所創造的利潤是可以量化的。

◆ 如果沒有實施阿米巴模式，至少每個部門都有量化的經濟指標或財務指標（金額），而不是指一般績效考核的分數。

◆ 加上上述第四種分紅方法的兩個條件。

具體做法，見表 5-5、表 5-6。

表 5-5 按部門目標達成率分紅

單位：萬元，％

姓名	職位	出資金額	股份比例	職位價值	價值比例	利潤	股息10%	擬分紅
張三	總經理	200	20	897	29.64	425	20	96.34
李四	行銷副總	300	30	803	26.54		30	86.24
王五	設計總監	250	25	719	23.76		25	77.22
趙六	生產總監	250	25	607	20.06		25	65.19
合計		1,000	100	3,026	100.00	425	100	325.00

注：個人擬分紅＝（利潤總額－股息總額）× 個人價值比例。

第四節　分配與激勵機制：讓合夥人擁有最大動力

表 5-6 按部門目標達成率分紅（續）

單位：萬元，％

姓名	職位	目標達成	考核後實際分紅	分紅比例	再分剩餘	綜合所得
張三	總經理	89.00	85.74	28.32	6.289	112.03
李四	行銷副總	93.00	80.21	26.49	5.883	116.09
王五	設計總監	97.00	74.91	24.74	5.494	105.40
趙六	生產總監	95.00	61.93	20.45	4.543	91.48
合計			302.79	100.00	22.21	425.00

注：個人考核後實際分紅＝個人擬分紅×目標達成率；剩餘總金額＝擬分紅總額－考核後實際分紅總額；個人再分剩餘金額＝剩餘總金額×分紅比例；個人綜合所得＝股息＋考核後實際分紅＋再分剩餘。

3. 按特殊約定的比例分紅

在投資公司，一般用投資金額的 2％作為公司的營運費用。如果有人要投資 1,000 萬元或 1 億元，都拿 2％出來，這是行規。如果有人融資了 1,000 萬元，也要投放出去。比如租辦公室、聘僱人員，都需要營運費用。

那收益呢？行規通常是 20％，也就是說，今年投資 1,000 萬元，假如收到 200 萬元的報酬，那 200 萬元的 20％就作為執行投資的這個人或這個團隊的報酬，這就是按照約定的比例分紅。

第五章　合夥制運行的五大核心機制

按特殊約定的比例分紅，有兩種方法：一是按特殊約定比例分紅；二是按行規約定比例分紅。

（1）按特殊約定比例分紅。

所有合夥人約定，根據企業的需求來做。比如當你沒有任何貢獻時，除了保證股息，你最多的分紅不能超過其他有貢獻的合夥人平均分紅的10%。假設我們分100萬元，就分10萬元給你，這是特殊的約定。所以，合夥制既要展現規範、理性的一面，也要展現帶有情感的一面。但凡合夥企業，規模都不會特別大。阿米巴合夥制也好，專案合夥制也罷，合夥人之間都很熟悉，還是有一定感情存在的，這是一種特殊的約定。

（2）按行規約定比例分紅。

比如合夥企業融資主要是用於投資而非直接經營某種產品或服務，即所謂基金性質，那麼，有限合夥人主要是出資，而普通合夥人除了出資外，還要經營資本。按照行規，投資金額的2%用於企業的日常經營與管理，而投資收益的20%給普通合夥人。也就是說，有限合夥人通常只有收益的80%。

分紅的方式有三種：第一，完全按照固定的、前面商定好的股份比例分紅。第二，按照貢獻比例分紅。第三，按照約定的比例分紅。筆者較傾向於按貢獻比例來影響當初

第四節 分配與激勵機制：讓合夥人擁有最大動力

設計的固定股份比例，兩者結合分紅，這樣就形成一個動態激勵。

(三)三個增值收益

合夥人除了上述四種直接收入外，還有三個間接的增值收益，即商譽、借貸和股權交易（見圖5-5）。有時這些增值收益甚至遠遠超過直接收入，這也是當合夥人比純粹工作更有長遠利益之處。

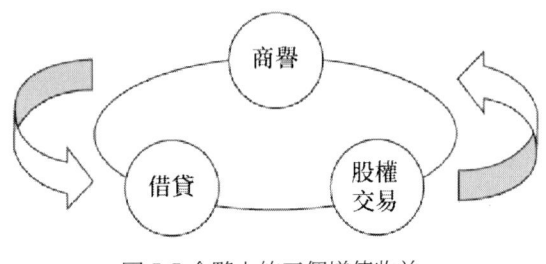

圖 5-5 合夥人的三個增值收益

1. 商譽

商譽通常是指企業在同等條件下，能獲得高於正常投資報酬率所形成的價值，能在未來為企業經營帶來超額利潤的潛在經濟價值。這是企業所處地理位置的優勢，或經營效率高、歷史悠久、人員素養高等多種因素帶來的，與同行企業相較，可以獲得超額利潤。

商譽是與企業整體結合在一起的。企業一旦擁有良好的商譽，就具有超過正常獲利水準的盈利能力和服務潛力。因

第五章 合夥制運行的五大核心機制

此,商譽的價值只有透過作為整體所創造的超額收益,才能集中表現出來。

除了上述理論的商譽收益外,這裡說的商譽,展現在身為經營業績優秀的合夥企業中的主要合夥人之一,在商界能夠獲得良好的背書。這表現在三個方面:

(1) 為合夥企業直接帶來相關生意。

比如合夥企業是為蘋果公司做配件的,雖然利潤不高,但全世界的電腦裝配企業都會找你們下訂單,這就是商譽帶來的價值。而如果你不是合夥人,只是一位經理人,那你的收益是不可能直接與企業收益的成長呈正比例線性關係的。

(2) 為合夥人另外的企業帶來生意。

如果你在現有的合夥企業中(假設名稱為 M),既是合夥人,又是經理人,同時還有其他的生意或投資(當然不可以與你現任的合夥企業是同行,更不能是競爭對手,假設名稱為 H),那當你的 H 企業客戶和利益相關者知道你是 M 企業的合夥人,且 M 企業經營口碑又很好時,你無意間會借 M 企業為 H 企業帶來良好的商譽,H 企業也會受到很多客戶的青睞。這也是一種增值收益。

(3) 為合夥人個人帶來信譽。

前提是你所在的合夥企業要經營得很好,獲利狀況、客戶與供應商口碑、員工滿意度都不錯,那你就是一個很好的

第四節　分配與激勵機制：讓合夥人擁有最大動力

品牌。我們做顧問專案中經常遇到這樣的現象，A 企業獲得投資 5,000 萬元，這個投資者可以占該公司 10％的股份，可是另一個投資者也投資了 5,000 萬元，這個企業只給他 5％的股份。為什麼？前一個投資者知名度大，個人品牌一呼百應。這些收益，如果你不是合夥人，哪能享受的到？

2. 借貸

增值收益的另一個方式是借貸，雖然借貸可以產生高收益，但也存在一定的風險。因此，借貸要有抵押，為了杜絕事後紛爭，最好借貸時就簽好書面憑證，以免口說無憑，徒增困擾。

記住，股份、股票透過相關法律程序辦理之後，是可以抵押貸款的，至於是向銀行抵押還是向協力廠商資本機構或個人抵押，這就看你的意願和需求了。貸款之後可以做更大的生意，又可以賺到更多的利潤，這難道不是另一種收益？

3. 股權交易

現在上市企業種類很多，而股權交易的路徑並非上市一條路，絕大多數股權交易來自非上市公司，只是沒有公開資訊而已。很多基金、投資商就是透過買賣非上市公司的股權來獲益的。

比如你投資合夥企業 200 萬元，占 20％的股份，也就可以折算出總投資 1,000 萬元。透過一段時間的經營，有人想

第五章　合夥制運行的五大核心機制

投資你的企業,雙方確認公司估值達 2 億元時,你那 20% 的股份不就相當於 2,000 萬元了嗎?一下子漲了 10 倍!假如對方出資 3,000 萬元購買合夥企業 30% 的股權,也就是你的股份也要出讓 30%。現在你的股份價值是 2,000 萬元,賣掉 30% 的股份,就可以收回 600 萬元的現金,相當於初次投資 200 萬元有 300% 的報酬了,且你手中還握有 1,400 萬元價值的股份。

胡博士指點

這個收益是不是比你的薪水、年薪、股息、分紅有價值得多?

因為外面的投資者如果想投資或收購你的企業,一般都會先找大股東,或者大股東主要從事資本運作,其他股東在從事日常的經營管理。那麼,當大股東在接觸投資者時,實際上大概就會知道對方可以出什麼價,至少是購買其中部分股份。這時大股東往往會採用內部優先收購的方式,來收購其他股東的股份。

比如你投資 200 萬元到這個合夥企業,占 10% 的股份,現在有人願意估值 1 億元購買其中 20% 的股份,意味著比當初投資的價值翻了 3 倍。這時大股東可能會找小股東,願意以 3 倍的價格收購你的全部股份,你賣不賣?一下子多翻了

3倍,投資4年多來,總共分紅才不到80萬元,還是賣了划算。而這時大股東以3倍價格收購,以5倍價格賣出,即以600萬元買你的股份,以1,000萬元賣給新投資者,淨賺400萬元。

若你今天不賣,過了兩、三年,假如經營狀況下跌,也許這個合夥企業連2,000萬元的本錢都賣不了呢?這時你一定會非常後悔。當然,因為你本身就是這個合夥企業的經營者之一,應該有理由、有能力判斷是否值得出售你的股權、什麼時候出售。

二、激勵機制

激勵,即鼓勵你做得更好,那可能就會分得更多。所以分配與激勵機制,對整個合夥制來說,是非常重要的。

這是我需要著重介紹的部分,而且阿米巴、合夥制的股權激勵與常規的股權激勵,在操作上有很大的差別。

(一)常規性股權激勵

公司做股權激勵的目的,是希望員工一起努力,一起當合夥人,而不是從你身上賺錢。常規性股權激勵,有三組重要名詞需要澄清,這又回到了結構化思維,如圖5-6所示。

第五章 合夥制運行的五大核心機制

股份與股權	股份就是把一塊蛋糕切了多少塊,就有多少份,而你能吃到幾塊蛋糕,那才是股權
乾股與實股	乾股是指參與分紅的權益。乾股不能做公開交易,內部可以另外協商。實股才能充分享受股權
期股與選擇權	期股就是先付錢,再進未來的貨(股),中途不得毀約。這就把激勵對象的潛力激發出來了。選擇權就是一種權利,是你未來的權利

圖 5-6 常規性股權激勵的三組重要名詞

1. 股份與股權

股份就是把一塊蛋糕切了多少塊,就有多少份,而你能吃到幾塊蛋糕,那才是股權。你占有這個公司的股份多,但分得的利益未必多。雖然股份多,但公司決策權不一定在你手中。股份是數量,股權是權利,股份數量多不一定代表權利大。

我們做股權激勵,不要看輕激勵了,真正的股權激勵強調的是激勵。股權是一種方式,不能簡單地理解為給你股份。那怎麼激勵呢?就要有業績。所以真正做股權激勵,要衡量過去,考量現在,也要權衡未來。所謂「過去」,是你的年資長,那你的股份就多一點;所謂「現在」,是職務等級越高,你配的股份就越多;所謂「未來」,是指你將來做得越好,你配的股份就會越多。

所以,通常的股份配額有三個要素,包括年資、職等、

第四節　分配與激勵機制：讓合夥人擁有最大動力

績效。關於獲得股權，通常會這樣組合：贈予＋購買＋選擇權。贈予，就看你的年資多少，公司按照一定的規則送你多少，這叫贈予。購買，是根據職務等級的高低，比如副總有100萬股，總監80萬股，經理60萬股，但你必須拿現金來購買。我們通常的經驗是，你購買多少股，公司就配多少股給你做選擇權。

三年以後，根據業績來讓你行權。比如我是副總，我能購買的是100萬股，那麼我的選擇權就是100萬股。我不想買那麼多，只買80萬股，公司給的選擇權就是80萬股。投資的錢越多，就越珍惜，這是股權激勵的原則。

股權計畫裡通常用到的一種方法，就是根據業績行權。比如考核達90分以上，原本是約定一股10元的，因為你考核的業績非常好，可以降到一股8元。也可以說，因為你考核業績很好，所以原本答應給你100萬股，現在可以給你120萬股。總之，你業績好，要麼購入的價格便宜，要麼以相同的價格購入更多的股份數量。

反過來也一樣，如果你的業績不好，那麼購入的價格就上漲，或購入的數量就減少。比如以前一股10元，現在要一股15元。或者以前大於100萬股的，因為你的業績沒有達到當初約定的條件，公司現在只能賣60萬股給你，可以在合夥協議裡約定好。上述內容就是做股權激勵的組合。

第五章 合夥制運行的五大核心機制

2. 乾股與實股

所謂的乾股，主要是指參與分紅的權益。乾股不能公開交易，內部可以另外協商。股權通常分為三部分：第一，分紅權。股份多／分紅少，證明你的股份大／股權小。第二，增值權。當你沒有分掉這個利潤，還留在公司時，你還沒有資格來分享價值成長差額。第三，資產表決權。通常情況下，乾股主要是指你享受分紅權，就是你可以分紅，但不一定擁有資產的表決權。平時股份給你，但公司要不要引進新的合夥人，這跟你沒關係，你沒有這個權利。最多是開會時，你可以提意見。

實股才能充分享受股權。有人說乾股是沒有經過登記的，實股是有登記的，不能這麼劃分。因為不管有沒有登記，經過登記的章程是法律，屬於大家都要遵循的法規。而真正對公司有效的，往往是股東會或董事會通過的決議。也就是說，雖然沒有經過登記，但程序合法，也同樣受法律的保護。

3. 期股與選擇權

這兩個名詞很容易混淆，需要詳細解釋一下，因為後面會用到它。

期，是指未來規定的時間，有點像英文中的未來進行式。比如我們在未來5～6年將進行改造，說明現在還沒改，

第四節 分配與激勵機制:讓合夥人擁有最大動力

什麼時候改?從今天算起,第 5 年或第 6 年。

期股的概念:激勵對象按照約定的價格,在某一規定的時期內,以個人出資、貸款、獎勵、紅利等方式,獲取一定數額的企業股票(股份),股票(股份)收益將在中長期兌現。

案例

A 企業今天的淨資產是 3,000 萬元,假設總股本數就定為 3,000 萬股,即相當於 1 元 / 股,這是原有股東權益的原始價。

現在 A 企業要給張三股權激勵,股價總得溢價一點吧!假如引進外部投資而不是內部的股權激勵對象,股價可能溢價 10 倍,現在因張三是企業的核心支柱,就少溢價一點,畢竟股權激勵的本質是把人才留下來與企業共同持續發展。現在原有股東一致同意,溢價 5 倍,即以 5 元 / 股賣給張三 120 萬股,張三就花 600 萬元來買股,占總股本數 3,000 萬股的 4%。這時公司的淨資產雖然只有 3,000 萬元,實際上估價是值 1.5 億元的,因為溢價 5 倍了。

如果事情到此為止,那就談不上股權激勵了,而是股權買賣。

現在問題來了,張三以 5 元 / 股的價格所購買的不是今天的股份,而是 3 年以後的股份。在這 3 年裡,股本總數一般都不變,還是 3,000 萬股,但是淨資產是會變的,經營得

第五章　合夥制運行的五大核心機制

好，就不止 3,000 萬元，反之，就不到 3,000 萬元了。

假如 3 年以後，公司的淨資產只剩下 1,000 萬元，而張三當時用於購買股份的資金是 600 萬元，占 4% 的股份，即那時公司的估值是在淨資產的基礎上溢價了 5 倍，是 1.5 億元。如果張三還以原本 5 元 / 股的價格購買股價，相當於溢價了 15 倍，這對內部股權激勵來說，的確是有點高。也就是說，張三不划算。張三說：「我不買了！把錢退給我。」不行，這就是期股的遊戲規則，願賭服輸。

相反，假如 3 年以後，淨資產從原本的 3,000 萬元增值到 6,000 萬元，那麼張三購股相當於只溢價了 2.5 倍。原有股東想，我賣給外面的投資者至少溢價 10 倍，而給張三只有 2.5 倍，不賣了，把錢退還給他，可不可以呢？當然不可以。

張三順利把股份買進了，他想，接下來就把自己 4% 的股份賣給外部的投資者。算一算，現在的淨資產是 6,000 萬元了，外部投資者願意溢價 10 倍，即估值 6 億元來購買這家公司 20% 的股份，也就是 1.2 億元。如果張三把 4% 的股份全部賣掉，就可以套現 6 億元 ×4% =2,400 萬元。投資 600 萬元，3 年回收 2,400 萬元。可不可以呢？當然也是不可以的，就算要賣，通常也是所有股東等比例出售 20% 給外部投資者，即張三最多能夠賣出 4% ×20% =0.8% 的股份。更多的時候，在做股權激勵時，還會約定一個閉鎖期，也就是張三買進期股（行權）後 3 年內不得出售或轉讓。這才符合期股

第四節　分配與激勵機制：讓合夥人擁有最大動力

定義中的「收益將在中長期兌現」。

所以，期股就是先付錢，再進未來的貨（股），中途不得毀約。這就把激勵對象的潛力激發出來了，才能獲得更好的效果。

選擇權的概念：企業給激勵對象在將來某一時期內以一定的價格購買一定數量股權的權利，激勵對象到期可以行使或放棄這個權利。

選擇權就是一種權利，是未來的權利。舉個例子，你訂了一個商品，交付了訂金，約定三年後買成品。那賣家就會提出要求，如果三年後，你沒有達到這個要求，賣家就不賣給你了，就是這個意思。

在企業內部也是一樣的，公司可以給你股份選擇權。但是，公司今天答應給你一股 10 元，你要以三年內每年的業績達到某個標準來購買。三年以後，也許股價本身漲到 15 元，那公司還是以 10 元賣給你；如果三年後，由於經營不善，當初答應的一股 10 元，有可能變成一股 8 元，那你還買不買呢？你肯定不會買，這個權利由你自己掌控。

我們從概念中可以知道，選擇權實質上就是把未來的權利合約化。就像你現在還沒成年，所以暫時沒有選舉權，那怎麼保證成年以後就會有選舉權呢？有國家的《憲法》和其他相關法律保證。當然，成年了，你也可以不參加選舉。

這裡就不再舉例描述了，只說說其與期股的差別。

一是期股是現在就要付款，買未來的股；選擇權是現在不用付款，給一個未來可以付款買股的權利。

二是期股是你必須要買，否則，根據約定，你現在投資的錢就不會退給你；而選擇權不同，你將來可以買，也可以不買。當然，通常也會加上一些約束和激勵的條件，因為條件是對等的，你可以買，也可以不買，企業也就可以賣，也可以不賣，大家把條件約定好即可。

比如企業現在與張三簽約，3年後可以以3元/股的價格購買公司100萬股，前提是這3年要達到什麼業績，業績可以是流量、使用者數、營業收入、利潤等，也可以是資產增值等。沒達到這個條件，根據約定，3年後張三就沒有購買股價的權利了。

(二)阿米巴股權激勵

阿米巴是一個獨立核算的經營團隊，且形成金字塔結構，一個一級阿米巴包含多個二級阿米巴，一個二級阿米巴又包含多個三級阿米巴，以此類推。

1. 阿米巴股權激勵的關鍵要點

(1)用於激勵的股份源於本巴。

我們很容易把股權激勵做成股權分配或股權買賣，沒有

第四節　分配與激勵機制：讓合夥人擁有最大動力

激勵的成分在裡面。一方面，是在方案中沒有將行權條件與激勵對象的業績承諾相連結；另一方面，在激勵對象行權購入股份後，由於他的股份比重不大，所以他個人業績好壞對上市公司的股票價格的影響，很難顯現出來。就算不是上市公司，對公司利潤的影響也不明顯。

比如，研發總監透過產品合併、材料共用、生產製程改造等方法，使公司的產品成本全年降低了 500 萬元，但這是不是意味著公司利潤增加了 500 萬元呢？不一定，就算增加了 500 萬元的利潤，研發總監的股份只占整個公司的 0.2%，相當於可以多得到 1 萬元的收益，還不一定是現金分紅，因為不太可能把當年的利潤全部分完。這位研發總監的積極度，在多大程度上能被激發出來呢？

研發總監好不容易降低了 500 萬元的成本，可是由於生產部門的錯誤，導致材料浪費、半成品和成品報廢，結果損失了 600 萬元。如果沒有其他因素，公司今年肯定比去年的利潤減少 100 萬元。研發總監不但沒有被激勵，還可能承擔損失。

而阿米巴股權激勵就不一樣了，研發總監的股份來自研發中心這個阿米巴，公司給你 0.2% 的股份，如果折算成研發中心的股份，那就可能是 20% 了。而且阿米巴是內部交易、獨立核算的，這降低成本得來的 500 萬元，就是研發中

第五章　合夥制運行的五大核心機制

心阿米巴的收益。照剛才分紅的演算法，研發總監可以分到500×20%=100萬元。激勵效果大不大？

也許你會問，阿米巴又不是法人，只是一個虛擬的經濟團隊，哪來的股份呀？這裡有兩種情況：

1）虛擬股份。

虛擬股份主要是針對利潤分紅，不對資產具有表決權，這很容易做到。每個部門在成立阿米巴之前，都需要進行資產盤點，如果是輕資產的部門，可以按前3年平均利潤作為測算總資產的依據。有了各巴的資產或估值，再參照股權激勵模型，就可以確定每一位激勵對象在本巴的股份了。也就是說，股份來源於本巴，與同一公司的其他巴沒有關係。

等到有一天，各巴的虛擬股份需要轉為公司的實股時，反過來折算一下即可。比如前面那位研發中心總監，持有研發中心巴的20%股份，而研發中心的資產或估值，又占整個公司的10%，那這次總監占公司的股份就是20%×10%=2%。

這是由下而上的做法。

2）登記實股。

由於阿米巴不一定都是經過登記的法人，若要實施登記股東的股權激勵，就只能採取由上而下的做法，具體操作方法與虛擬股份相反。

第四節　分配與激勵機制：讓合夥人擁有最大動力

比如公司統一實行股權激勵，你分得了整個公司 2% 的股份，但你是歸屬於研發中心巴的，研發中心巴又占公司總資產或估值的 10%，那就相當於你占了研發中心巴 20% 的股份。在股權激勵協議中一定要明確，在不做資本變更或上市的前提下，你的股權收益只能來自於研發中心巴。

(2) 個人股份分散在上下三級有關聯的阿米巴中。

筆者在《人人成為經營者 —— 阿米巴實施指南》中特別強調過，由於阿米巴之間是內部交易、獨立核算、自負盈虧，就可能導致巴長過於關注短期利益、局部利益、物質利益，從而可能會損害整個公司的長期利益、整體利益、精神利益。因此，筆者提出在實施阿米巴模式時，一定要加強三大平衡，即長期利益與短期利益的平衡、局部利益與整體利益的平衡、物質利益與精神利益的平衡。

話雖有道理，可是如何做到呢？靠大家的道德、覺悟是不行的，也不是長久的、普遍的。這種機制展現在多方面，筆者這裡只介紹激勵機制，其他方面，大家可以詳細閱讀筆者所著的《人人成為經營者 —— 阿米巴實施指南》和《阿米巴核能》。

司馬遷早在《史記》中，就對人性做了精闢的分析：「天下熙熙，皆為利來；天下攘攘，皆為利往」。你要一個小巴長去關心整個公司的利益，且不說他想不想，重點是怎麼關

第五章 合夥制運行的五大核心機制

心?對他有什麼好處?阿米巴股權激勵就能解決這個問題,我們採用的是「阿米巴三級股份模型」。比如你是一個三級巴的巴長,按照前面的說法,你的股份來源於你所在的某個三級巴,那其中一部分的股份,要放到你的上級巴和上上級巴,即二級巴、一級巴裡。具體操作方法,詳見「縱向激勵」。

(3) 阿米巴的股份可動態折算成公司的股份。

前面虛擬股份、登記實股都介紹了阿米巴的股份在某種條件下,可以由下而上折算成公司的股份,也可以將持有公司的股份,採取由上而下方式折算成你所在的阿米巴的股份。這些都很好理解,也不難操作,難就難在「動態」二字。

張三、李四、王五是同一級別的三個銷售區域經理,公司在進行股權激勵時,大家都拿到一樣比例的股份選擇權,但是折算到各巴去,由於每個銷售區域的資產或估值都不相等,因此每個人占各自所在區域巴的股份也不同。這是原始的公平。3年以後,每個區域的經營狀況肯定會發生變化,從而導致每個區域巴的資產或估值,相對初始時或增或減,或多增或少增。行權期到了,大家都需要有條件地購入當初承諾的股份配額,但需要根據各區域巴現有的資產或估值來計算。如果你的區域成長較多,獲得的就不止當初的股份配額,反之則少。具體操作方法,詳見「橫向激勵」。

2. 阿米巴股權激勵與傳統股權激勵的差別

阿米巴的合夥制，或稱為阿米巴的股權激勵，與傳統的、平時說到的、聽到的傳統股權激勵，有什麼樣的差別呢？

來看一下這個案例，現在假設不同部門、不同職務、不同職等，公司要做股權激勵，或者是這個合夥制部門、合夥企業要做股權激勵。

案例

我們先舉一個例子，比如常務副總的職務等級較高，接下來可能就是行銷副總，再接下來是區域經理，再到地方經理。我們先拿行銷這條線舉例，把阿米巴與合夥制，或阿米巴與股權激勵連結在一起。

如何連結在一起？我們先看這個行銷副總，他在公司的年資 5 年，根據公司的股權激勵計畫，每年送 1 萬股，所以就獲得了 5 萬股。然後公司規定，你要買 90 萬股，給你選擇權 90 萬股，這是你的標準配額。你也可以少買，相應的選擇權也比較少。

再看這個 A 銷售區總經理，他進公司 3 年，所以送 3 萬股。以他的職務等級，可以購買 80 萬股、選擇權 80 萬股，加起來等於 163 萬股。

A 區所屬的地方經理，負責 A1 地的銷售，他進公司 4

第五章　合夥制運行的五大核心機制

年,公司就送 4 萬股。這不是按照職務等級高低來算的,而是完全按照年資計算。

當然有的公司也可以按照職務等級高低,再乘以年資計算。副總級別,一年年資就送 1 萬股。比如行銷副總跟研發首席工程師是同一個級別的,一年送 1 萬股;總監一年送 8,000 股;經理一年送 6,000 股。以等級配送的股份數量,再乘以年資,也是一種計算方法。

現在行銷副總是負責行銷中心的,與他並列的可能是做研發的高階管理人員、做生產的高階管理人員,或整合供應鏈的高階管理人員……等。行銷中心直屬於行銷總部,它可能有市場、售後服務、客服部、商務部等職能部門。

行銷中心分為若干個區,比如 A 區、B 區、C 區、D 區,A 區下面又包括 A1、A2 等很多地方。

這個行銷副總擁有公司贈送的股份,再加上這個現金購買的股份和選擇權的股份,一共是 185 萬股。那 185 萬股怎麼處理呢?20%留在總部,80%放在行銷中心。80%放在行銷中心的股份值不值錢,就看你這個「巴」所做的努力了。185 萬股的 20%,就是 37 萬股,37 萬股放在總部,所占的總部比例,也許是 5%。

為什麼要把他一部分股份,放到他能夠掌控的行銷中心,還要把 20%的股份放到他未必能掌控得了的總公司呢?

第四節　分配與激勵機制：讓合夥人擁有最大動力

我們在做「阿米巴＋合夥制」的時候，有三個平衡，只有做好三個平衡，阿米巴才能夠做好，如圖 5-7 所示。

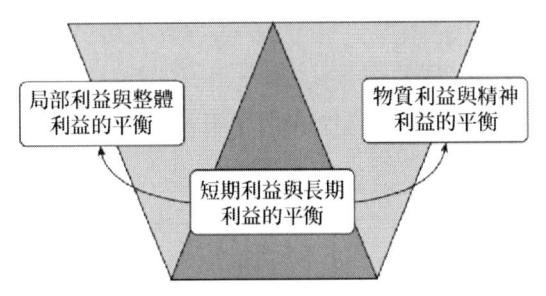

圖 5-7「阿米巴＋合夥制」的三個平衡

哪三個平衡呢？第一，局部利益與整體利益的平衡。第二，短期利益與長期利益的平衡。第三，物質利益與精神利益的平衡。

我們劃分阿米巴以後，很多人會說，他以後只關心本巴的利益，不關心整個公司的利益，那怎麼辦？如果沒有一種機制來保障，僅憑企業文化的浸潤、經營哲學的渲染，來提升他的思想境界，這個成效其實是很有限的。

因此，我們應該透過一種機制來固化。假如這個行銷副總沒有把 20％ 的股份留在公司，而是 100％ 都放在行銷中心，那你可以想像，有可能行銷計畫做得不好，一會兒因為訂單太多，讓生產部加班；一會兒沒有訂單，且該拚的訂單就不拚，導致小訂單、多批量，毫無疑問會增加製造成本。

從製造阿米巴賣給行銷阿米巴，價格就這麼約定，最後

第五章　合夥制運行的五大核心機制

有可能導致你的行銷阿米巴獲利了，而我的製造阿米巴虧損了，最後導致整個公司無法獲利，甚至虧損。

接下來也一樣，A區的總經理，他一共有163萬股，那我們分三級處理。80％放在A區；A區是公司裡面的二級阿米巴，一級阿米巴是它的頂頭上司行銷中心，15％放在整個行銷中心。因為跟A區並列的還有B區、D區、E區等，你關心本巴的收益，這是沒錯的。如果A區做得好，但D區做得不好，那你這15％的股份收益一定會受到影響，這時我們也會考量局部利益與短期利益的平衡。

我做得好，但其他區沒做好，導致我的這個15％股份不值錢了。反過來問自己，我有沒有辦法幫他們做好？如果每一個巴都像我A區做得這麼好，那我那15％的股份也就值錢了。所以，這是局部與整體的平衡。

那為什麼還要放5％在總公司呢？我們一般強調放三級，有沒有必要放到四級呢？A1地方經理的144萬股，我們就不放到總公司，而放到一級阿米巴。一級阿米巴就是行銷中心，二級阿米巴就是A區，三級阿米巴就是A1地，所以我們認為三級就差不多了。

有的公司連工人的績效、薪水都要和企業利潤達成率形成一個係數，這其實說起來好聽，但激勵效果有限。共進退吧！公司多一點，你就多一點；公司少一點，你就少一點，

第四節　分配與激勵機制：讓合夥人擁有最大動力

其實產生不了太多激勵作用。你多分給他，工人肯定很開心；因為公司的業績沒做好，他比上個月少拿一塊錢，他都會有意見。他會說：「事實上我做得比上個月更辛苦，我領到的錢比上個月還少，其他人做得好不好，關我什麼事？」他之所以產生這種想法，就是因為相關性太遠了。

當然，對部門經理這種等級，可以連結，但沒必要連一個清潔阿姨的績效、薪水都與企業的目標達成一定關聯，這個影響不大，所以我們只連結到三級。

假如我們的合夥企業也是一級、二級的呢？先登記一個合夥企業，這就叫總公司。合夥企業下面又分級：這個合夥人負責行銷部門，那行銷部門成為一個獨立的阿米巴；另外一個合夥人負責生產部門，生產內部就是一個阿米巴。我們的頂頭上司是一個合夥企業，可以把上面的級別統稱為總公司。

這樣就能讓每一個人的股份有所關聯，而且，讓他去關注與他相關的工作對象，這是上下級關係，所以稱之為「縱向激勵」。

那「橫向激勵」呢？因為我們有橫向的裂變。比如我們5個人登記一個合夥企業，或我們是一個獨立核算的阿米巴，這個阿米巴是採用合夥的模式建立起來的。那這個阿米巴要延伸出去，再產生一個子阿米巴。

這個股份怎麼處理呢？舉個例子，我們是 A 區的銷售區，但是 E 區目前是空白的，因此，我們 A 區就想進占 E 區。E 區如果變成你的下屬子公司，或叫子區，那麼 100% 就由 A 區去做投資。比如這個 E 區要招募多少業務員，要投放多少廣告費用，都從 A 區裡面支出，相當於 A 區就占了 E 區 100% 的股份。

但是，你為了鼓勵 E 區的業績，又會留一部分股份，分給 E 區的核心團隊。A 區就占 E 區股份的 80%，20% 還是給在 E 區的工作人員，這樣你就能夠鼓勵它不斷地裂變。

當然橫向也是一樣的道理。公司說要我們 A 區派人到 E 區去做市場開發，公司占一部分股份，A 區占一部分股份，留一部分股份給 E 區的核心人員。

作為一個獨立核算的阿米巴，且這個阿米巴採用合夥制的方式來完成，大家該出錢的出錢，該出力的出力，折算一下，這個 E 區每個人占多少股份。所以，這個激勵機制對合夥企業來說、對阿米巴來說，是非常靈活、機動的。

3. 縱向激勵和橫向激勵

阿米巴經營模式可以不斷地分裂或合併，分裂與合併的方向有兩個：一個是阿米巴橫向裂變或合併；另一個是阿米巴縱向裂變或合併。如圖 5-8 所示。

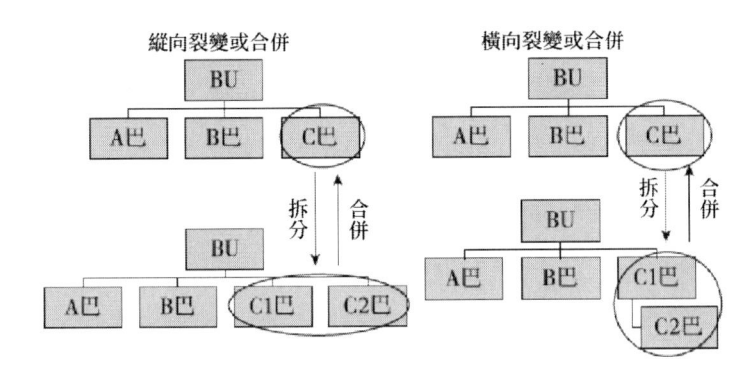

第四節　分配與激勵機制：讓合夥人擁有最大動力

圖5-8 阿米巴經營模式的分裂與合併

我帶了一支團隊，再裂變出另外一支團隊，就變成兩個團隊了。比如以前一個行銷經理在管理整個北區的業務，一共有8個業務員，做了1億元的銷售額。根據公司規定，做到1億元的規模，就鼓勵裂變。要把一支行銷團隊一分為二，8個業務員就各分4個，以前的行銷經理帶4個，另外4個產生一個新的經理，再補進一個業務員，這就叫裂變。

從機率上來說，把北區的行銷團隊一分為二去做行銷，應該比原本一個團隊去做行銷的成長速度更快。因為大家努力的空間不一樣，積極度也就不一樣了，還有精心經營的條件也不一樣。這是阿米巴的橫向裂變或合併。

還有一種是縱向的裂變，就是上下級關係的裂變。比如北區的行銷業務還是這個行銷經理在管，下面的8個業務員以前都是他的直屬員工，現在把8個業務員分成兩隊，每隊4個

人,一個團隊就是一個阿米巴。每個團隊中產生一個領導者,兩個團隊還是歸這個行銷經理管,裂變出來的新阿米巴,與原來的阿米巴是上下級關係,這就是縱向的裂變。橫向的裂變是把原本的行銷團隊一分為二,原本的領導者只管一個團隊,另外一個團隊給新的領導者管,它們兩個是並列關係。

我們要鼓勵阿米巴去做裂變或組合,阿米巴如果將來強大了,還可以裂變延伸二級阿米巴、三級阿米巴。

(1)縱向激勵。

阿米巴可以縱向裂變或組合。在進行阿米巴股權激勵時,也要分兩種情況:未裂變和組合時,有裂變和組合時。

1)阿米巴未裂變和組合時。

當阿米巴組織體系處於靜態時,也就是阿米巴的個數、級數都沒有變化,沒有出現把某個二級阿米巴調到另一個一級阿米巴的旗下時,「阿米巴三級股權激勵模型」操作分為五步:

第一步,確定每位激勵對象在總公司的股份配額(T)。

第二步,確定垂直三個等級的阿米巴分別占股份配額(T)的比例(X_1、X_2、X_3)。

第三步,確定激勵對象分別在三個等級阿米巴裡的股份配額($T_1\text{-}3=T \times X_1\text{-}3$)。

第四步,確定各巴的淨資產或估值(G_1、G_2、G_3)。

第四節　分配與激勵機制：讓合夥人擁有最大動力

第五步，確定激勵對象分別在三個等級阿米巴裡的股份比例（$Y_1\text{-}3 = T_1\text{-}3 \div G_1\text{-}3 \times 100\%$）。

以下詳細介紹這五步的思考要點與操作細節。

①確定每位激勵對象在總公司的股份配額（T）。

股份配額的方法，請參考「9D股權激勵模型」，在此不再詳述。總之，透過技術方法，得出以下人員可以獲得公司股份選擇權的配額結果（局部），如表5-7所示。

表5-7 激勵對象在總公司的股份配額（T）

組織類型	職務或巴名	姓名	贈予股份 年資（年）	贈予股份 配股（1萬股/年）	現金購買 職等	現金購買 根據職等配股	選擇權 選擇權與職等1:1	公司配股總數A（萬股）
公司總部	常務副總裁	周××	7	7	—	100	100	207
行銷系統	行銷副總裁	吳××	5	5	二	90	90	185
	A銷售區	錢××	3	3	三	80	80	163
A1銷售地		李××	4	4	四	70	70	144
生產系統	生產副總裁	王××	4	4	三	80	80	164
生產系統	製造部經理	劉××	6	6	四	70	70	146
生產系統	零件工廠主任	陳××	4	4	五	46	46	96

209

第五章　合夥制運行的五大核心機制

其中，行銷副總裁吳××、A銷售區總經理錢××、A1銷售地銷售經理李××是縱向垂直的管理關係。

②確定三個垂直等級的阿米巴分別占股份配額（T）的比例（X_1、X_2、X_3）。

前面介紹過實施阿米巴模式的「三大平衡」，其中一個是局部利益與整體利益的平衡。怎麼在機制上保證行銷副總裁吳××會主動關心行銷系統以外的各巴利益及整個公司的利益呢？因為阿米巴模式是內部定價交易、獨立核算的，似乎在引導各巴長只關心自己，只關心短期利益，為什麼這樣說呢？我們先看看阿米巴模式的幾個要點：

定價交易：生產中心的每一個產品都是透過定價賣給行銷中心的，如果生產中心浪費了材料，報廢了半成品、成品，即生產中心增加了成本，但賣給行銷中心的價格是不變的。

獨立核算：行銷中心的核算公式是「銷售收入－商品成本－行銷費用－稅金－其他相關費用＝銷售利潤」，而商品成本是與生產中心事先就定好的。因此，生產中心成本的增加，是不會影響行銷中心利潤的。

從以上兩點來看，如果硬要把行銷副總裁的股份分一部分給總公司，或分一部分給生產中心，似乎有點牽強，分出去的那部分股份的收益，與吳××的主觀努力沒有關係。

第四節　分配與激勵機制：讓合夥人擁有最大動力

怎麼讓吳××接受「三級股權激勵模式」，同意把自己一部分的股份放在總公司或生產中心呢？我們的目的是讓吳××除了關心本巴利益，還要關心整個公司的利益，這樣就可以預防或減少他為了有利於行銷系統巴而做出有損於整個公司的事情。我們給出的理由如下：

A. 大河沒水，小河乾。

如果只有行銷中心獲利 1,000 萬元，而採購中心、研發中心、生產中心、物流中心等都虧本，且加起來虧了 1,200 萬元，那就意味著整個公司虧損了 200 萬元。也就是說，整個公司都處於難以維持的危險境地，你拿資金、拿本巴的股份分紅還能拿多久？並不是追求平均主義，只是得先保證公司的存續、公司的安全。

B. 同一條繩子上的蝗蟲。

行銷中心之所以能夠獲利，主要原因也是行銷 4P 做得好，但不要忘記，4P 中的產品（Product）、價格（Price）就是公司各個中心、各個部門共同作用的結果，行銷中心最多在管道（Place）、宣傳（Promotion）上相對獨立完成工作。研發中心沒有好的產品，行銷中心能把黃土賣成黃金嗎？採購、製造的成本過高，無論怎麼內部定價，最終也會轉移到產品上。這樣一來，銷售毛利就變低了。如果想維持內部產品沒漲價前的毛利率，即售價也漲，就勢必會增加管道、宣傳上

第五章　合夥制運行的五大核心機制

的費用，或者競爭壓力大大增加，甚至也完成不了銷售任務，達不到行銷中心的利潤目標。

所以，行銷中心能夠獲利，是不是也有研發中心、生產中心、採購中心等兄弟部門的一份貢獻？

C. 不要把雞蛋放在同一個籃子裡。

生產中心報廢了那麼多半成品、成品也只是偶然，只要保持在正常損耗比例範圍，及時完成交貨，他們的盈利還是很穩定的，風險不大。因為在內部交易定價時，這個定價包含了正常的損耗比例。行銷中心雖然有時獲利較多，但風險也大。誰敢保證廣告越多，產品售價就一定越高？誰敢保證讓利給代理商越多，銷量就一定越大？萬一行銷中心虧損而整體公司獲利呢？人家的獎金、分紅那麼多，你卻口袋空空，還能不能保持鬥志就難說了。就算你還有鬥志，你的團隊成員呢？

吳××同意老闆的觀點，但他還問了兩個問題：一是跨越的級數──要跨多少級？是不是每位激勵對象的股份都要放一部分在總公司？二是各級的比例──我的股份配額總數中，總公司放多少？我所在的阿米巴放多少？

這正是我們設計方案要斟酌的事，如圖 5-9 所示。

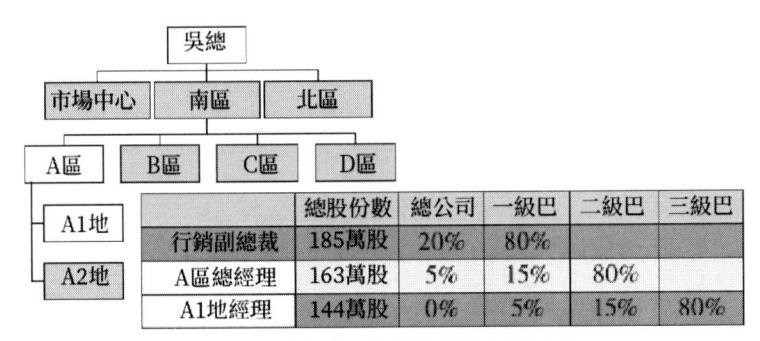

第四節 分配與激勵機制：讓合夥人擁有最大動力

	總股份數	總公司	一級巴	二級巴	三級巴
行銷副總裁	185萬股	20%	80%		
A區總經理	163萬股	5%	15%	80%	
A1地經理	144萬股	0%	5%	15%	80%

圖 5-9 行銷系統三級股權激勵各級比例

第一，跨越的級數。

根據筆者多年的諮詢經驗、若干諮詢案例，股份的分配最多跨越三級。也就是從你所在的巴算起，往上數三個行政等級，且是直系的。

假設你是 A1 地銷售經理，那往上數三級阿米巴組織垂直關係，就是：A1 地巴→ A 區巴→行銷中心巴，再往上就是總公司了，不需要算入。

假設你是 A 區總經理，那往上數三級阿米巴組織垂直關係，就是：A 區巴→行銷中心巴→總公司。

假設你是行銷中心副總裁，那往上數就只有兩級了：行銷中心巴→總公司，不需要硬造一個三級阿米巴。

總有人問，為什麼是三級，而不是四級或兩級阿米巴？因為經驗值告訴我們，多數人最多只能關注往上三級的關係。想想看，A1 地銷售經理都是屬地招聘的，一年到頭可

第五章　合夥制運行的五大核心機制

能難得回總公司一次，能接觸到的最大領導者，是行銷副總裁，最多是在幾百人參加的年會宴席上，遠遠地看過老闆，那能產生多深的感情？更別說研發副總裁、生產副總裁了。

第二，各級阿米巴的比例。

確定三級關係之後，就要將你的總股份按一定比例配置給每個級別。分別配置多少才好呢？這也是個經驗值，但筆者會把形成經驗值的思維邏輯告訴讀者，這樣就等於不僅給讀者一條魚，還給了捕魚的工具、方法。

邏輯：原則上，你所在阿米巴的業績優劣與上級、同級的相互關聯、相互影響越深，你放出去的比例就越大；反之則否。

A1 地銷售業績好不好，與他的上級 A 區的相互關聯、相互影響深不深？我們對一件事進行是非、優劣判斷時，通常有兩種方法：一種是指標對照法（標竿法）；另一種是強制分布法（對比法）。如果從指標上無法得出上述問題的答案，就只能提出一個對比的事例才能判斷。假如某五金生產工廠分為切割、銲接、打磨、噴塗四個工程團隊，它們之間是工序的上下游關係。對比 A1 地與 A2 地的兄弟關係、A1 地與 A 區的子母關係而言，切割與銲接、打磨的兄弟關係，切割與工廠主任的子母關係，後者之間的相互關聯、相互影響要深得多。

第四節 分配與激勵機制：讓合夥人擁有最大動力

方法：先假設你獲得的股份配額是 100％，三級股份比例分配，參考如表 5-8 所示。

表 5-8 經營關係深淺與三級巴的股份比例

單位：％

	本巴 X_1	上級 X_2	上上級 X_3	合計
與本巴經營關聯較淺的關係	80	15	5	100
與本巴經營關聯較深的關係	60	30	10	100

在表 5-7 的基礎上，根據表 5-8 規定的資料，就可以延伸出表 5-9（陰影部分為新增）。

③確定激勵對象分別在三個等級阿米巴裡的股份配額（$T_1\text{-}3 = T \times X_1\text{-}3$）。

大多數公司在實施阿米巴三級股權激勵時，一般會採用由上而下的做法，這樣較容易達成初始化時期的公平，因為每個人的股份配額都是參照公司總股本數這個相同的基數，這樣也方便掌握股權激勵對象之間的橫向對比、縱向對比的公平性。根據表 5-9 的資料，我們可以直接計算出每一位激勵對象在本巴、上級巴、上上級巴的具體配股數（陰影部分為新增），如表 5-10 所示。

三個級別每巴的具體配股數量 = 公司配股總數 × 分配到各級巴的比重

第五章　合夥制運行的五大核心機制

表 5-9　垂直三個級別的阿米巴分別占個人總配股的比例

組織類型	職務或巴名	姓名	年資(年)	配股(1萬股/年)	職等	根據職等配股	選擇權與職等1:1	公司配股總數A(萬股)	本巴名稱	占總配股C=規定(%)	上級巴名稱	占總配股D=規定(%)	上上級巴名稱	占總配股E=規定(%)
公司總部	常務副總裁	周××	7	7	一	100	100	207	公司	100	無	0	無	0
行銷系統	行銷副總裁	吳××	5	5	二	90	90	185	行銷中心	80	公司	15	無	0
行銷系統	A區經理	錢××	3	3	三	80	80	163	A區	80	行銷中心	15	公司	5
行銷系統	A1銷售地	李××	4	4	四	70	70	144	A1地	80	A區	20	行銷中心	5
生產系統	生產副總裁	王××	4	4	三	80	80	164	生產中心	80	公司	20	無	0
生產系統	製造部經理	劉××	6	6	四	70	70	146	製造部	60	生產中心	30	公司	10
生產系統	零件工廠主任	陳××	4	4	五	46	46	96	零件工廠	60	製造部	30	生產中心	10

表 5-10　激勵對象分配在垂直三個級別的阿米巴的具體股數

姓名	年資(年)	配股(1萬股/年)	職等	根據職等配股	選擇權與職等1:1	公司配股總數A(萬股)	本巴名稱	占總配股C=規定(%)	股數	上級巴名稱	占總配股D=規定(%)	股數	上上級巴名稱	占總配股E=規定(%)	股數
周××	7	7	一	100	100	207	公司	100	207	無	0	0	無	0	0
吳××	5	5	二	90	90	185	行銷中心	80	148	公司	20	37	無	0	0
錢××	3	3	三	80	80	163	A區	80	130	行銷中心	15	24	公司	5	8
李××	4	4	四	70	70	144	A1地	80	115	A區	15	22	行銷中心	5	7
王××	4	4	三	80	80	164	生產中心	80	131	公司	20	33	無	0	0
劉××	6	6	四	70	70	146	製造部	60	88	生產中心	30	44	公司	10	15
陳××	4	4	五	46	46	96	零件工廠	60	58	製造部	30	29	生產中心	10	10

第四節　分配與激勵機制：讓合夥人擁有最大動力

　　從表 5-10 中可以看出，公司配股總數相等的兩個人，如果不是同一系統的同事，他們各自留在本巴的股份、放在上級巴的股份也是不同的。比如 A1 銷售地的李××、製造部經理劉××，他們在公司的配股總數都是 140 萬股（年資贈予股除外），但李×× 留在 A1 地阿米巴的股份是 115 萬股，而劉×× 留在製造巴的股份則是 88 萬股。

　　④確定各巴的淨資產或估值（G_1、G_2、G_3）。

　　因為要把激勵對象持有總公司的股份按一定比例分別計入三級阿米巴，就需要知道每個阿米巴的淨資產或估值。淨資產一看報表就知道了，對公司估值的方法，前面已經介紹過，對一個阿米巴的估值方法也是一樣的，就不再詳述了，在表 5-10 的基礎上，直接延伸得出表 5-11（陰影部分為新增）。

　　⑤確定激勵對象分別在三個等級阿米巴裡的股份比例（$Y_1\text{-}3 = T_1\text{-}3 \div G_1\text{-}3 \times 100\%$）。

　　張三、李四在總公司得到股權激勵配股總數相等的 $Z_1 = Z_2$ 股，且他們是同一系統的兩個同事，他們留在總部的股數是一樣多的 $X_1 = X_2$ 股，剩下的都配置在自己所在的巴（假設這兩個激勵對象只有分兩級持股），股數也是 $Y_1 = Y_2$ 股。但由於張三、李四所在巴的資產或估值不同（$T_1 \neq T_2$），所以 $Y_1/T_1 \neq Y_2/T_2$。也就是說，張三、李四雖然分別在自己的巴中

第五章 合夥制運行的五大核心機制

所持有股數是相等的,但他們所占的股份比例是不同的。根據這個原理,我們在表 5-11 的基礎上,就很容易算出激勵對象分別在三級阿米巴裡的股份比例(陰影部分為新增),如表 5-12 所示。

第四節　分配與激勵機制：讓合夥人擁有最大動力

表 5-11 各巴淨資產估值

組織類型	職務或巴名	姓名	贈予股份		現金購買		選擇權		所在巴估值B	公司配股總數A（萬股）
			年資（年）	配股（1萬股/年）	職等	根據職等配股	選擇權與職等1:1			
公司總部	常務副總裁	周××	7	7	一	100	100	10350	207
行銷系統	行銷副總裁	吳××	5	5	二	90	90	5417	185
	A銷售區	錢××	3	3	三	80	80	1925	163
	A1鎮售地	李××	4	4	四	70	70	1117	144
生產系統	生產副總裁	王××	4	4	三	80	80	2898	164
	製造部經理		6	6	四	70	70	1768	146
	零件工廠主任	陳××	4	4	五	46	46	603	96

本巴			上級巴			上上級巴		
本巴名稱	占總配股H=規定（%）	股數	上級巴名稱	占總配股H=規定（%）	股數	上上級巴名稱	占總配股H=規定（%）	股數
公司	100	207	無	0	0	無	0	0
行銷中心	80	148	公司	20	37	無	0	0
A區	80	130	行銷中心	15	24	公司	5	8
A1地	80	115	A區	15	22	行銷中心	5	7
生產中心	80	131	公司	20	33	無	0	0
製造部	60	88	生產中心	30	44	公司	10	15
零件工廠	60	58	製造部	30	29	生產中心	10	10

表 5-12 三級阿米巴股權激勵資料表

組織類型	職務或巴名	姓名	贈予股份		現金購買		選擇權		所在巴估值B	公司配股總數A（萬股）
			年資（年）	配股（1萬股/年）	職等	根據職等配股	選擇權與職等1:1			
公司總部	常務副總裁	周××	7	7	一	100	100	10350	207
行銷系統	行銷副總裁	吳××	5	5	二	90	90	5417	185
	A銷售區	錢××	3	3	三	80	80	1925	163
	A1銷售地	李××	4	4	四	70	70	1117	144
生產系統	生產副總裁	王××	4	4	三	80	80	2898	164
	製造部經理		6	6	四	70	70	1768	146
	零件工廠主任	陳××	4	4	五	46	46	603	96

本巴				上級巴			上上級巴			還原動異	
本巴名稱	占總配股H=規定（%）	股數	占本巴股數的估值	上級巴名稱	占總配股H=規定（%）	股數	上上級巴名稱	占總配股H=規定（%）	股數	占本巴股的估值	公司配股總數
公司	100	207	2	無	0	0	無	0	0	0	207
行銷中心	80	148	2.73	公司	20	37	無	0	0	0	185
A區	80	130	6.77	行銷中心	15	24	公司	5	8	0.08	163
A1地	80	115	10.31	A區	15	22	行銷中心	5	7	0.13	144
生產中心	80	131	4.53	公司	20	33	無	0	0	0	164
製造部	60	88	4.95	生產中心	30	44	公司	10	15	0.14	146
零件工廠	60	58	9.55	製造部	30	29	生產中心	10	10	0.33	96

219

第五章　合夥制運行的五大核心機制

2) 阿米巴有裂變和組合時。

阿米巴縱向裂變就是一代一代往下延伸,產生新的阿米巴,且整體趨勢上,下一代阿米巴的數量會多於上一代,這也是阿米巴經營模式能讓企業強大、長久的根本原因之一,這有點像家譜世系圖(當然家譜世系是不可組合逆轉的),如圖 5-10 所示。

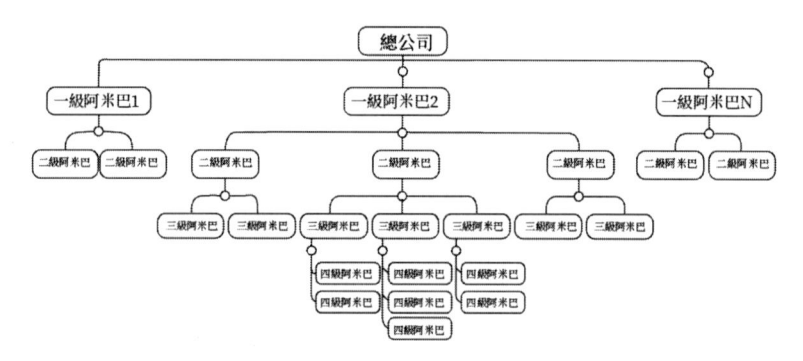

圖 5-10 阿米巴縱向裂變

公司如果有條件,當然鼓勵各級阿米巴不斷延伸、裂變。如何鼓勵他們這麼做呢?具體方式、方法詳見筆者所著的《人人成為經營者——阿米巴實施指南》、《阿米巴核能》,這裡主要介紹延伸、裂變時的股權激勵。傳統的管理思想是「你先好好做,我不會虧待你的」,現代管理思想則是「你先把不會虧待我的規則確立下來,我一定會好好做」。

阿米巴延伸、裂變時,對原巴長、新巴長及核心人員的

第四節　分配與激勵機制：讓合夥人擁有最大動力

激勵方式有三種。

第一種，均由總公司控股。

如圖 5-11 所示，每延伸、裂變一級新的阿米巴，該阿米巴的合夥人都由三個級別組成，分別是總公司、上級巴和本巴核心團隊，而且股份比例也一致規定，即新延伸、裂變出去的阿米巴巴長和核心人員，占本巴股份的 20%、上級巴占 10%、總公司占 70%。不管延伸、裂變多少級，股權激勵永遠只激勵到「父輩」，「祖輩」就不享有「孫輩」的股份。但阿米巴經營報表是一級一級往上合併的，如果「孫輩」做得好，「祖輩」也是有成果的。

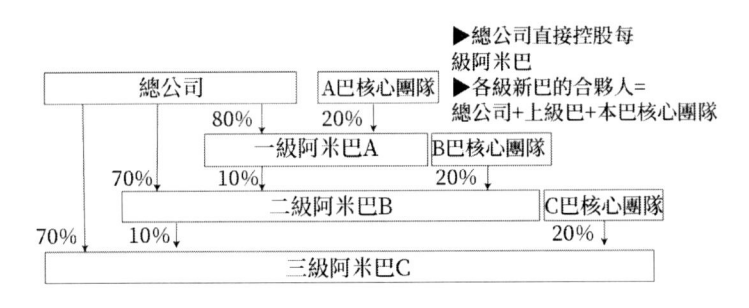

```
總公司 ──────────────── ▶總公司直接控股每
   │80%    A巴核心團隊         級阿米巴
   │      20%↓             ▶各級新巴的合夥人=
   │    一級阿米巴A            總公司+上級巴+本巴核心團隊
 70%↓    10%↓  B巴核心團隊
          二級阿米巴B  20%↓
 70%↓    10%↓        C巴核心團隊
              三級阿米巴C  20%↓
```

圖 5-11 總公司控股法

A. 該方法適用的企業或行業的特點：

a. 必須由總公司加強管控的，一般過於放鬆，就可能導致產品和服務品質出現不良，甚至商譽受損。屬於集團管控模式中「操作管控」的類型。比如麥當勞，總公司對商標、原

第五章　合夥制運行的五大核心機制

材料、輔料、加工製程等,都有嚴格限制。

b. 在日常經營、管理、操作過程中,可複製性、標準化程度較高,下級阿米巴不需要太多的自由、創新。如來料加工企業、OEM代工廠等,試想一下,品牌企業將生產加工發包給你,肯定會驗廠,如果你又發包給丙方,丙方甚至發包給丁方,品質還可信嗎?

c. 市場競爭不算激烈,最多是「數量」級的競爭,即競爭的手段、方式也都屬於普遍性、常規性的,並不需要各個下級阿米巴根據複雜的競爭情況而自主策劃。比如很多品牌公司的直營連鎖店,就屬於這種類型,不想失去流通領域的利潤,更重要的是擔心加盟店賣假貨。

B. 該方法的優點:

管控嚴格,公司的安全係數高,包括資產的安全、經營的安全,甚至對員工聯合辭職創業的同行,也能產生一定的預防作用。

C. 該方法的不足:

a. 上面B點說安全係數高,那是從由上而下的角度來看,反過來,由下而上就不安全了,因為任何一個子公司、孫公司都由總公司控股,如果下面發生重大錯誤,就會究責到總公司,由總公司來承擔。沒有防火牆,這也是很危險的。

第四節　分配與激勵機制：讓合夥人擁有最大動力

b. 由於管控權收歸總公司，削弱了中間層的力量，當總公司的管理能力不足以支撐因為扁平化後而顯得龐大的組織時，一旦決策錯誤、出現重大閃失，很容易土崩瓦解。

c. 因為決策權都在總公司，下面的靈活性較差，雖然適用這種方法的行業特點就是競爭方式簡單（如降價），但有時也需要因地制宜，採取一些特殊的政策。

第二種，均由上級阿米巴控股。

如圖 5-12 所示，新延伸、裂變出去的阿米巴巴長和核心人員，占本巴股份的 20%，這一點與上面那種做法、配股是一致的，但它均由「父輩」控股 80%，畢竟只有鼓勵「父輩」，才能延伸出下一代。當然也可以從「父輩」的股份中分出一部分給「祖輩」，比如父輩占 60%、祖輩占 20%。

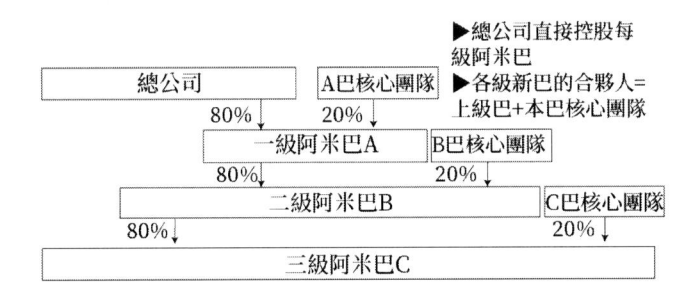

圖 5-12 上級巴控股法

該方法適用的企業或行業具有什麼特點？該方法具有哪些優點？具有哪些不足？對照第一種方法，反過來就差不多

第五章 合夥制運行的五大核心機制

了,不再多做描述。

第三種,動態激勵。

我們在做諮詢專案時,往往還會加上一個時間角度,形成動態激勵。比如第一種、第二種方法,都是新伸延、裂變的阿米巴巴長及核心人員占本巴股份的20%,這是指剛成立新巴時的激勵措施。隨著時間的推移,如果新巴經營得非常好,是可以提高這個比例的。最多可以提高到什麼程度呢?沒有標準答案,主要考量以下幾點(見圖5-13):

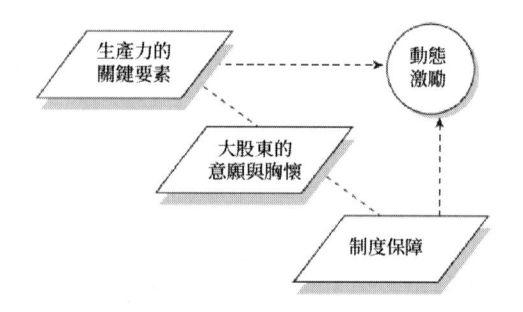

圖 5-13 動態激勵的三個要素

A. 生產力的關鍵要素。

我們可以引用馬克思《資本論》的觀點,即決定生產力的三大要素,分別為勞動力(人)、勞動資料(工具)、勞動對象(材料與產品)。不同的行業、企業,對三者的權重是有很大差別的。

勞動力:很多輕資產行業,如網路行業、諮詢培訓行

第四節　分配與激勵機制：讓合夥人擁有最大動力

業、廣告策劃行業、經紀仲介行業等，主要依賴人的智力。很多時候，企業中的張三、李四都是具有不可替代性的，而這類企業一旦啟動後，進入經營的正軌，資本的價值幾乎更微乎其微，給員工的股份比例為 20%～80%。

勞動資料、勞動對象：在所謂的重資產行業裡，資本、社會關係的權重，相對於輕資產行業而增加，那勞動力（人）的權重自然就減少了。比如在「雙軌制經濟」時代，誰能拿到政府批文（社會關係），誰就能快速發展；曾經的房地產行業，誰能拿到土地（資本＋社會關係），誰就能快速發展。而重要社會關係的締結，往往只有老闆等一、兩個人才能達成，給員工那麼多股份有什麼價值？通常經管團隊的股份加起來也不會超過 10%。

B. 大股東的意願與胸懷。

股份的讓渡也與大股東的意願與胸懷有關，有的是主動願意的，有的是被動選擇的，筆者從事管理諮詢 20 多年，經常會遇到這樣的案例。

主動願意的：有的老闆認為，我的投資報酬已經很多了，經營企業的內在動力已經不再是追求財富、名譽，而是一種責任。尤其是跟著我打拚多年的員工，他們還年輕，個人和家庭也都需要增加收入，甚至也要為他們安排安全、穩定收入的退休生活。事實上，這些年的利潤，主要是靠他們努力創造出來的，就多讓一點股份吧！

第五章　合夥制運行的五大核心機制

被動選擇的：老闆年紀大了，體力有限，或厭倦了商海生活；小孩學歷高，甚至從海外留學回來，他們不願意繼續從事上一代的傳統產業，有自己的追求和想要的生活。而上市公司畢竟數量有限，因此又不能讓資產進入資本市場。眼見後繼無人，總不能就這麼關閉或讓企業衰退下去吧？與其如此，還不如多給優秀員工一些股份，讓他們一心一意把企業的大旗扛下去，否則也有可能導致人才流失，就多讓一點股份吧！

C. 制度保障。

不管是出於哪種原因，大股東不斷讓渡股份給核心經營團隊，都必須透過機制、制度來保障，否則就容易「賠了夫人又折兵」。通常要注意幾個關鍵點：

a. 有條件的讓渡。

股份讓渡是必須設置條件的，不能讓激勵對象有「不勞而獲」的感覺，這樣就很難產生激勵作用。筆者在《9D股權激勵模型》中詳細介紹了很多做法，這裡就簡單說明兩個條件：時間、業績。

時間：不要一次性讓渡太多，分成若干年慢慢讓渡。

業績：激勵對象必須達到什麼業績條件，才能行權獲得用於激勵的股份。

b. 讓股不一定讓權。

前面已經介紹過，股份是指多少，股權是指大小。公司

第四節　分配與激勵機制：讓合夥人擁有最大動力

章程、股東協議、合夥人機制等，如果沒有另行規定，那一般情況下，股份多少是與股權大小成正比的。本書講述的合夥企業或合夥人機制，合夥人之間具有更高的自由約定權。

剛開始時，大股東可以逐漸增加核心經營團隊的分紅比例，但不一定需要做股權變更。當然，這也是透過制度確立下來的，不可以是大股東心血來潮的口頭承諾。

就算到後來，經營團隊的股份已經超過50％（相對控股），甚至超過67％（絕對控股），但是在重大事項表決權上，原本的大股東可以具有一票否決的權力，即「毒丸計畫」。這要在合夥人協議中寫清楚，動用「一票否決」權力的事項也要列個清單，否則原有大股東動不動就「一票否決」，那經營團隊該怎麼做？

（2）橫向激勵。

前面已經介紹了縱向激勵，主要是往下延伸，他們的關係就像俄羅斯娃娃，小娃娃總在大娃娃範圍內。而橫向激勵則是並列關係的兩者或多者進行比較後的激勵，也是一種動態激勵。這讓我想起了一個故事，剛好可以解釋「橫向動態激勵」的核心內容。

某個富翁有三個兒子，本想把家產一分為三讓他們繼承的，可是富翁想，如果某個兒子經營不善，那分再多的家產給他，也是會被敗光的，那就不是「1+1+1 ＞ 3」了。不行，得給懂得經營的兒子多分一點，反之，就少分一點。於是，

第五章　合夥制運行的五大核心機制

富翁就把三個兒子找來，把他的觀點向三個兒子說清楚，三個兒子也都認同。具體方法就是：每個兒子都從富翁那裡拿到一樣多的錢，自己去經營，3年以後，看誰賺的錢多，再按賺錢的比例來分配家產。比如老大賺了100萬元，老二賺了200萬元，老三賺了300萬元，那老大就分1/6家產，老二就分1/3家產，老三就分1/2家產。

所以，動態橫向激勵模式的核心內容，可以歸納為以下幾個要點：

1）賽馬機制——同一起點。

股權激勵初始化時，為了公平起見，我們往往根據三個要素來給每位激勵對象配額一定數量的股份：年資（過去）、職位價值或職務等級（現在）、與績效目標相關聯的選擇權（未來）。這樣一來，大家的起點應該算是很公平的。

2）續動態——不吃老本。

①年資的差異。

這是永遠無法彌補的，大家都同步位移，你比弟弟大5歲，就永遠大5歲。所以，早到職的，在這方面永遠比晚到職的人股份配額多，在時間面前，大家都沒意見。

②職務的高低。

這是動態的，現在張三是經理級，李四是主管級，張三比李四高，但兩、三年以後就不一定了，只要李四不是張三

第四節 分配與激勵機制：讓合夥人擁有最大動力

的直轄部屬，也就是不在同一部門、同一系統，那麼李四的職務等級高於張三是完全有可能的。這時，如果張三在職務配股上比李四多，就顯得不太公平了。

③業績的好壞。

這也是動態的，無論是對激勵對象個人，還是他所在的阿米巴，都更能展現差異。前面我們介紹過「三級阿米巴股權激勵模式」，每個激勵對象都是各自所在阿米巴的巴長或核心成員，對所持本巴股份的分紅是多是少，不會有太多的異議，利潤不多，分紅就少。問題是，還有一部分股份不是本巴的，那其他業績好的阿米巴就不太開心了，他們一定會提出「貢獻多者多得，重新分配」的要求。

橫向動態股權激勵的操作步驟，如圖 5-14 所示。

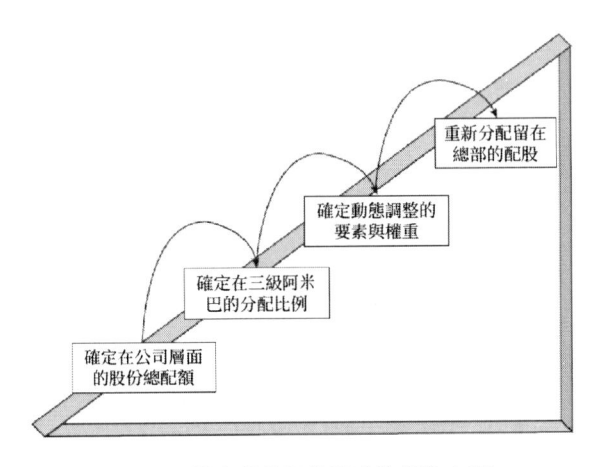

圖 5-14 橫向動態股權激勵的操作步驟

第五章 合夥制運行的五大核心機制

第一步,確定在公司層面的股份總配額。

第二步,確定在三級阿米巴的分配比例。

第三步,確定動態調整的要素與權重。

第四步,重新分配留在總部的配股。

以下詳細講解四步的思維與操作細節,思維是「漁」,操作是「魚」。

第一步,確定在公司層面的股份總配額。

第二步,確定在三級阿米巴的分配比例。

以上兩步完全可以參照「縱向激勵」中的「第一種情況,阿米巴未裂變和組合時」的第一步到第五步,可以得出表5-13。

巴名	各巴淨資產或估值(萬元)	各巴股本數(萬股)	股價(元) C=A/B	各巴占總公司資產 D=A/3000(%)	一級巴長配股 配股(萬股)規定	占總公司股比 F=E/3000(%)	留在總公司的配股數量占個人配股 股數 E× 20%	占總公司比 H=G/3000(%)	留在本巴裡的配股數量占個人配股 股數 I=E-G	占本巴的股份 J=I/A(%)
甲巴	600.00	600	1.00	20.00	75.00	2.50	15.00	0.50	60	10.00
乙巴	700.00	700	1.00	23.33	75.00	2.50	15.00	0.50	60	8.57
丙巴	800.00	800	1.00	26.67	75.00	2.50	15.00	0.50	60	7.50
丁巴	900.00	900	1.00	30.00	75.00	2.50	15.00	0.50	60	6.67
合計	3000.00	3000		100.00	300.00	10.00	60.00	2.00		

表 5-13 股權激勵初始化資料

甲、乙、丙、丁四個阿米巴是屬於同一個上級巴的四個並列團隊,且性質相同。從表5-13中的資料 A 和資料 E 可以看出,雖然他們各自所在阿米巴淨資產不等,但公司給他

第四節　分配與激勵機制：讓合夥人擁有最大動力

們的配股總數是一樣的，即 75 萬股（資料 E）。前面已經講解過起點公平，因為他們現在所在巴的規模大小不一定完全取決於他們個人的成就，說不定有的剛剛調過去當巴長。

減掉留在總部的配股（資料 G）後，他們四人留在本巴的配股也是一樣多的（資料 I），但由於各巴的淨資產不同，所以折算下來，他們占各自所在巴的股份比例就不同了（資料 J）。這時，他們四人的收益是高度一致的。

第三步，確定動態調整的要素與權重。

一年後，四個巴的淨資產或估值已經發生了變化，即從表 5-14 中的資料 A 變成資料 B 了。從成長金額來說，有多有少；從成長幅度來看，有高有低。由於四個巴的基數 A 不同，所以成長金額多的巴，不一定就是成長率高的巴，反之亦然（資料 C 和資料 E）。

在股權激勵的結構上（過去、現在、未來），老闆已經很科學、很公平地把大家放在同一起跑線上，至於誰跑得更快、更久、更遠，那就看賽馬的水準了。不管是成長多的還是成長率大的，都意味著給公司的貢獻更大，如果還照起跑線的規定給他們同樣的報酬，這顯然是不合理、不公平的，於是需要調整。

第五章　合夥制運行的五大核心機制

表 5-14 經營一年後變化的資料

巴名	各巴淨資產或估值期初數據A（萬元）	經營一年後各巴淨資產或估值B（萬元）	成長金額C=B-A（萬元）	占成長總金額的比例D=C/TD（%）	成長比例E=C/A×100%
甲巴	600.00	680.00	80.00	22.50	13.33
乙巴	700.00	780.00	80.00	22.50	11.43
丙巴	800.00	892.00	92.00	25.88	11.50
丁巴	900.00	1,003.50	103.50	29.11	11.50
合計	3,000.00	3,355.50	355.50	100.00	11.85

由於激勵對象的一部分股份是留在他所在的阿米巴裡，他在本巴的股份比例沒有變，那麼其收益就會隨著本巴的增值同比例成長。因此，這部分是不需要調整的（表 5-13 中的資料 H 和資料 I）。那麼，需要調整的部分就是非本巴的部分（表 5-13 中的資料 E）。

動態調整需要參考的要素主要就是「成長的金額」（利潤或資產）和「成長的幅度」。

兩者雖然不矛盾，甚至相輔相成，但在現實操作中，還是有其側重意義的。如果只考量「成長金額」這個要素，那原本基數較小的巴，吃虧的機率非常高；反過來，如果只考量「成長的幅度」這個要素，那原本基數較大的巴，吃虧的機率

第四節　分配與激勵機制：讓合夥人擁有最大動力

非常高。因此，需要對這兩個要素加權。

筆者在講課或做諮詢專案時，也會有人問能不能將「成長金額」與「成長幅度」這對要素改為「利潤成長」與「收入成長」呢？這樣我們就比較容易掌握他們的權重，也就是容易掌握什麼時候要「利潤」，什麼時候要「規模」。乍聽有道理，但被筆者否定了，因為這裡主要是用來調整激勵對象留在公司總部股份多少的，並不是常見的績效考核指標。決定一家企業的股本數和每股價格的，往往是資本規模，而不是收入模組，因為收入再多，企業也有可能是虧損的。從這個角度來說，收入再多，也有可能是虛假的繁榮。

那麼，哪個要素更重要、權重更大呢？我想這也是動態的。權重的數學模型有很多種，但現在最常用的還是經驗估計法。雖然是根據經驗估計的，但絕不是無源之水，不是擲骰子。根據筆者多年的諮詢經驗，通常需要參考以下幾個方面：

A. 企業發展的階段。

一般來說，企業的初創期由於收入、利潤的基數不大，而且亟需資金快速發展，因此更看重「金額的成長」。另外，如果基數太小，就算「成長幅度」達到300%，也有點自我安慰的感覺，意義不大。反之，如果企業到了快速發展階段，那麼「成長幅度」就更重要。表5-15的經驗估計值以供參考。

表 5-15 企業不同發展階段兩種成長的權重

單位：%

	初創期	發展期	成熟期	衰退期
金額的成長	70	30	60	50
幅度的成長	30	70	40	50

B. 企業現有的規模。

這個很容易理解，一般來說，企業發展到一定規模以後，其成長的幅度不大，那當然是看重「金額的成長」，反之亦然。表 5-16 的經驗估計值以供參考。

表 5-16 不同規模的企業兩種成長的權重

單位：%

	小微	小型	中型	大型和超大型
金額的成長	70	60	50	70
幅度的成長	30	40	50	30

C. 企業競爭態勢。

行業競爭態勢也會影響企業是關注「成長金額」還是「成長幅度」，表 5-17 的經驗估計值以供參考。

第四節　分配與激勵機制：讓合夥人擁有最大動力

表 5-17 行業競爭態勢與兩種成長的權重

單位：％

	潛伏 摸索期	無序 競爭期	快速 發展期	成熟 穩定期
金額的成長	30	40	50	60
幅度的成長	70	60	50	40

D. 企業處於特殊階段。

行業特點與行業競爭態勢常常很難被某一、兩家企業改變或左右，就算在相同的外部環境下，每家企業也會有它某一階段的特殊性，這將決定他們在這個階段是偏向於「金額的成長」還是「成長的幅度」。

以資本運作為例，天使投資階段、風險投資階段、私募股權投資階段、上市後股票投資階段，不管是哪個階段，投資者都沒有打算將其所投資的資本長期放在這家企業，他們唯一追求的就是等股價漲了，就將股份賣掉。股價怎樣才會漲呢？這個問題很複雜，但歸根究柢，如果買的人多而賣的人少，那就會漲價。為什麼會有很多人想買你們家的股票呢？因為他估計現在買進，過一段時間賣出，這期間肯定會漲價。他憑什麼依據去估計呢？除了概念炒作之外，就看成長的幅度了。

比如有一家 100 億元資產的 A 企業，每年成長 5 億～8

億元,成長率為5%;另有一家5億元資產的B企業,每年成長1億~2億元,成長率為20%~25%,那你會投資A企業還是B企業?答案是顯而易見的。反過來思考,如果企業正處於吸引外部投資的階段,它們肯定會對投資者投其所好,這時「成長的幅度」比「金額的成長」重要得多。

第四步,重新分配留在總部的配股。

從表5-13中可以看出甲、乙、丙、丁留在公司的總配股是60萬股(資料G),平均每人15萬股,現在由於每個人的貢獻不同,所以要打破這個平均(留在本巴的股份不需變動)。在第三步裡已經介紹了影響重新配股的要素與權重,而且這個權重是動態的,不是一成不變的。隨著「金額」與「幅度」這兩個要素的權重變化,那四個人重新分配到的留在總公司的配股也會變化。權重的作用就是用來二次劃分這60萬股的,如表5-18所示。

當「金額」與「成長幅度」的權重為4:6時,按甲、乙、丙、丁各自成長的金額占「成長總金額」的比例,來二次劃分24萬股;按各自成長的幅度與「平均成長幅度」的比例,來二次劃分36萬股,由此可以得出表5-19的資料(計算公式已在表中註明,就不多做解釋了,讀者可以透過公式來理解其中的邏輯)。這時可以看出,原本四人留在公司總部的配股,由每人15萬股,已經改變為表5-19中的資料J了,這就打

第四節　分配與激勵機制：讓合夥人擁有最大動力

破了「吃老本」的平均主義，達到動態激勵的效果。

同理，當金額：成長率 =5：5 或 6：4 時，可以得出表 5-20 和表 5-21 的數據。

表 5-18 權重變化時二次劃分的配股變化對照

要素\權重	金額：幅度=1：9		金額：幅度=2：8		金額：幅度=3：7		金額：幅度=4：6		金額：幅度=5：5	
	權重	分配	權重	分配	權重	分配	權重	分配	權重	分配
增加金額	10	6萬股	20	12萬股	30	18萬股	40	24萬股	50	30萬股
增加幅度	90	54萬股	80	48萬股	70	42萬股	60	36萬股	50	30萬股

表 5-19 金額：幅度=4：6 時配股調整

巴名	各巴淨資產或估值期初數據(萬元)	經營一年後各巴淨資產或估值(萬元)	成長金額		成長比例	留在總部需要重新分配股份數(萬股) F=60萬股				重新分配後個人在總部的股份數(萬股)
			成長金額(萬元)	占成長總金額的比例	成長比例	按成長金額占重新分配的權重 F=規定		按成長比例占重新分配的權重		
						規定(萬股)	重新分配到個人	規定(萬股)	重新分配到個人	
甲巴	600.00	680.00	80.00	22.50	13.33		5.40		9.12	14.52
乙巴	700.00	780.00	80.00	22.50	11.43	24.00	5.40	36.00	8.94	14.34
丙巴	800.00	892.00	92.00	25.88	11.50		6.21		8.97	15.18
丁巴	900.00	1003.50	103.50	29.11	11.50		6.99		8.97	15.96
合計	3000.00	3355.50	355.50	100.00	11.85		24.00		36.00	60.00

表 5-20 金額：幅度=5：5 時配股調整

巴名	各巴淨資產或估值期初數據(萬元)	經營一年後各巴淨資產或估值(萬元)	成長金額		成長比例	留在總部需要重新分配股份數(萬股)				重新分配後個人在總部的股份數(萬股)
			成長金額(萬元)	占成長總金額的比例	成長比例	按成長金額占重新分配的權重		按成長比例占重新分配的權重		
						規定(萬股)	重新分配到個人	規定(萬股)	重新分配到個人	
甲巴	600.00	680.00	80.00	22.50	13.33		6.75		7.60	14.35
乙巴	700.00	780.00	80.00	22.50	11.43	30.00	6.75	30.00	7.45	14.20
丙巴	800.00	892.00	92.00	25.88	11.50		7.76		7.47	15.24
丁巴	900.00	1003.50	103.50	29.11	11.50		8.74		7.47	16.21
合計	3000.00	3355.50	355.50	100.00	11.85		30.00		30.00	60.00

第五章　合夥制運行的五大核心機制

表 5-21 金額：幅度 =6：4 時配股調整

巴名	各巴淨資產或估值期初數據(萬元)	經營一年後各巴淨資產或估值(萬元)	成長金額		成長比例	留在總部需要重新分配股份數(萬股)				重新分配後個人在總部的股份數(萬股)
						按成長金額占重新分配的權重		按成長比例占重新分配的權重		
			成長金額(萬元)	占成長總金額的比例		規定(萬股)	重新分配到個人	規定(萬股)	重新分配到個人	
甲巴	600.00	680.00	80.00	22.50	13.33		8.10		6.09	14.19
乙巴	700.00	780.00	80.00	22.50	11.43	36.00	8.10	24	5.97	14.08
丙巴	800.00	892.00	92.00	25.88	11.50		9.32		5.97	15.29
丁巴	900.00	1003.50	103.50	29.11	11.50		10.48		5.97	16.45
合計	3000.00	3355.50	355.50	100.00	11.85		36.00		24.00	60.01

權重調整時，每個人留在總公司的配股數是不同的。至於調整的週期，是每年一次還是幾年一次，這就看企業的需求了。制定調整週期規則，一般會有以下兩種情況：

A. 固定調整的週期。

每年調整一次，當然能產生及時激勵的作用，但也要考量操作成本與激勵對象收益變動大小之間的性價比。比如公司好不容易興師動眾進行調整，結果業績好的激勵對象只增加 1,000 元的收益，業績差的也只減少 800 元的收益，那有什麼意思？連激勵對象自己都不在意，公司老闆何必多操這些有勞無功的心呢？

我們以表 5-22 中的資料舉例測算一下，權重 5：5 是個中庸值。

由於表 5-22 只告訴讀者與資產相關的資料，沒有直接告訴資產報酬率，也就是不知道每股的收益。我們可以找兩個公開的資料做參考。

第四節　分配與激勵機制：讓合夥人擁有最大動力

表 5-22 公司淨資產報酬率（ROE）舉例

公司名稱	ROE（%）
甲股份有限公司	53.52
乙集團有限公司	47.09
丙科技股份有限公司	45.41
丁集團有限公司	45.37
戊股份有限公司	43.78
己鋼鐵股份有限公司	38.67
庚發電集團有限公司	37.99
辛股份有限公司	35.5
壬控股有限公司	35.3
癸調味食品股份有限公司	31.46

　　從表 5-22 中大概取個中間值（戊公司與己鋼鐵公司之間）約 40％，用這個數字，套到表 5-20 中，得出表 5-23 的資料。

　　從資料 J 來看，調整後減少收益最多的是乙巴長，減少了 3,600 元；增加收益最多的是丁巴長，增加了 5,400 元。單從這個資料來看，可能大家的興趣不大。當然資產為 3,355.50 萬元的公司不大，如果放大 100 倍，那乙巴長的收益就少了 0.36×100=36 萬元，丁巴長就多了 54 萬元。這對中高階層主管平均年收入來說，是一個非常令人心動的數據！這時候，大家對調整就感覺有積極度了。

　　總之，如果調整前後的資料變化不足以讓激勵對象心

239

第五章 合夥制運行的五大核心機制

動,那就固定3年調整一次即可。反之,則可以規定每年調整一次。

B. 視收益的差距而定。

我們也可以規定調整前後最大差幅≤10%時,就不調整,反之則調整。至於到底是10%還是其他數字,大家議而決之即可。

表 5-23 某種參數下調整前後的收益對比

基礎數據					巴名	調整前收益		調整後收益		對照	收益增減幅度
淨資產(萬元)	收益率	總收益	總股數(萬股)	每股收益(元)		總部留股(萬股)	調整前收益(萬元)	總部留股(萬股)	調整後收益(萬元)	調整前後差額(萬元)	
3355.50	40.00	1342.20	3000.00	0.45	甲巴	15	6.711	14.35	6.42	-0.29	-4.33
					乙巴	15	6.711	14.20	6.35	-0.36	-5.33
					丙巴	15	6.711	15.24	6.82	0.11	1.58
					丁巴	15	6.711	16.21	7.25	0.54	8.09

注:某種參數是指:收益率=40%;金額:成長率=5:5。

從表5-23中的資料K來看,甲巴長的收益變化為-4.33%,丁巴長的收益變化為8.09%,都在±10%的範圍內。

總之,調節兩個要素的權重,每個人的收益就會發生變化,企業可以選擇激勵的幅度,如表5-24所示。

第四節　分配與激勵機制：讓合夥人擁有最大動力

> **胡博士指點**
>
> 　　合夥的基本原則，有的出錢，有的出力，有的出「名」，有的三者或兩者都出。因此，整體上應該展現「就出錢而言，出錢多的應該比出錢少的收益多；就出力而言（業績），出力多的應該比出力少的收益多」原則。
>
> 　　合夥人除了直接收入外，還有三個間接的增值收益，即商譽、借貸和股權交易。有時候這些增值收益甚至遠遠超過直接收入，這也是當合夥人比純粹工作更有長遠利益之處。

表 5-24 多次調整權重時配股調整對照（局部）

	成長金額		成長幅度		標準配股（萬股）	X：Y=6：4		X：Y=5：5		X：Y=4：6	
	金額（萬元）	排名	幅度	排名		股數（萬元）	增減	股數（萬元）	增減	股數（萬元）	增減
甲巴	80.00	3	13.33	1	15	14.19	-5.40	14.35	-4.33	14.52	-3.19
乙巴	80.00	3	11.43	2	15	14.08	-6.16	14.20	-5.33	14.34	-4.39
丙巴	92.00	2	11.50	3	15	15.29	1.91	15.24	1.58	15.18	1.20
丁巴	103.50	1	11.50	3	15	16.45	9.67	16.21	8.09	15.96	6.37
合計	355.50		11.85		60	60.01	0.02	60.00	0.01	60.00	0.01

第五章　合夥制運行的五大核心機制

第五節
退出與結算機制：
靈活應對合夥關係變動

合夥協議本身就可以規定一個期限，它不像有些責任公司，是無期限的。那身為合夥人，該怎麼退出？退出時怎麼結算？

一、六種退出原因

在合夥企業中，如果你完成不了合夥人的使命，只能選擇退出。一般合夥人退出，歸納總結有六種原因，如圖 5-15 所示。

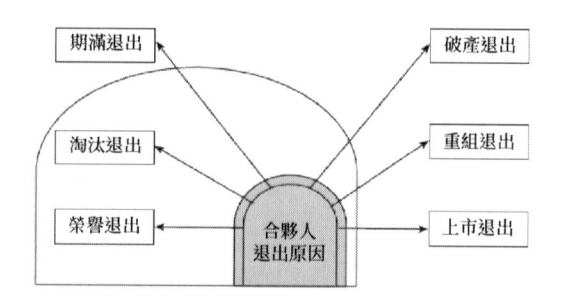

圖 5-15 合夥人的六種退出原因

第一，期滿退出。合約期滿的、協議期滿的退出。

第五節　退出與結算機制：靈活應對合夥關係變動

第二，淘汰退出。沒有達到當初預期的業績，沒有做出當初預期的貢獻，公司將你淘汰。

第三，榮譽退出。到了退休年齡，因為你為這個團隊做了很大的貢獻，因此公司為你保留一定的榮譽，但是人員退出。

第四，破產退出。這個合夥企業做得不好，或這個合夥制的阿米巴一直業績不好，被其他企業或被企業內部的其他阿米巴併購。比如 E 區每年的業績都完成不了，不單是沒有完成利潤，甚至還虧損，那就有可能由 A 區這個阿米巴把 E 區的阿米巴接管過來，原本 E 區的這個負責人，就會被撤換掉。那 E 區這個合夥制的阿米巴，就註銷重新再來，這叫破產退出。

第五，重組退出。比如這個合夥制需要增加新的資金，加入新的股東，進行資產重組，那有的人就想退出，這也是一種退出。

第六，上市退出。例如水處理公司的案例，因為公司拿了 0.5% 的股份放在這個合夥企業裡，那也意味著這個合夥企業擁有水處理總公司的 0.5% 的股份。如果水處理公司上市了，我們身為小股東，這部分的股份可以選擇退出。

合夥人退出大概有這六種：期滿退出、淘汰退出、榮譽退出，破產退出、重組退出和上市退出。但在實際操作過程中，也許還會有一些其他的情形。

第五章　合夥制運行的五大核心機制

二、退出如何結算

第一種，協議期滿退出。那大家就按照當初的股份比例來承擔這個合夥企業的債權債務，如果有約定，就按約定執行。比如約定了有普通合夥人和有限合夥人，如果這個合夥企業有債務，那有限合夥人不再承擔無限相關責任，而是由普通合夥人承擔。如果整個企業還有獲利，有債權，那債權也是按照當初的股份比例來享有。

這分為兩種情況，一種是獲利的，還有一種是虧損的。如果獲利了退出，那大家就應該按照當初的比例來分享這個獲利。

如果有虧損，就分兩種情況：有限合夥人不承擔無限相關責任，就不再拿錢出來了；普通合夥人要再拿錢出來償還債務，而且是無限責任，可能最後導致房子也要賣掉。當然這種現象是很少的。

有一種技巧可以跟大家分享。若法人作為合夥企業裡的普通合夥人，它的相關責任也就到這個有限責任公司為止。比如張三是一個合夥企業裡的普通合夥人，萬一這個合夥企業有債務，是不是要張三整個身家來賠償呢？當然不是。張三可能會登記一個有限責任公司，這個有限責任公司的登記資本額是 100 萬元，以公司法人的身分，去做合夥企業的普通合夥人。如果這個合夥企業虧損 1,000 萬元，張三要承擔

第五節 退出與結算機制：靈活應對合夥關係變動

無限責任，無非就是把那個有限責任公司的 100 萬元賠償進來，其他的就走法律程序。這也是一種保護個人財產的方法。

第二種，淘汰退出。淘汰退出是帶有一定懲罰性質的，它也分為兩種情況。當這個公司的淨資產大於當初的投資額時，也就是說這個公司還是有獲利的，那麼這個人退出的時候，只需要把他當初投入的本金還給他就可以了。至於要不要算利息，要看協議怎麼規定。你可以規定不算，也可以規定要算。所以，合夥協議一定要寫詳細，否則後面的確很容易賴皮。

相反地，當這個企業有負債時，這個被淘汰的合夥人如果不是普通合夥人，而是有限合夥人，那就按照這個負債的比例歸還本金。如果本金也拿不出來，大家可能要破產清算。而且因為帶有懲罰性質，即使企業之前獲利了，還有很多沒有分配的利潤，也可以不分配給他。

比如我們去年獲利了 1,000 萬元，今年又獲利 1,500 萬元，加起來是 2,500 萬元。去年獲利 1,000 萬元時，只分到 800 萬元，還有 200 萬元沒分配。今年獲利 1,500 萬元，分了 1,000 萬元，還有 500 萬元沒有分配，一共有 700 萬元沒分配。如今我被淘汰退出，那沒分配的 700 萬元呢？是不是應該按照我的股份比例進行分配？

第五章　合夥制運行的五大核心機制

所以，我再三強調，為了大家能好聚好散，還是應該把協議的條文寫得更加合理、更加仔細。生意不成人情在，當初合夥時志同道合，相互認識；那生意做不成，朋友還是要當的。還能不能當朋友，就取決於當初的約定是否詳細，否則生意做不成，朋友也不在了，甚至成為冤家對頭，這是我們不希望發生的。

第三種，榮譽退出。所謂的榮譽退出，就是我年紀大了，在這個合夥企業裡不能繼續工作了，這個合夥企業可以保留我的股份，保留一定的期限。

因為合夥企業是個小規模的企業，希望你既出錢又出力才有意義。如果你只是出錢，不出力，就變成單純的投資了。既然你曾經為這個企業做過很大的貢獻，其他合夥人商量，認為這個企業經營狀況還不錯，就保留你的股份，比如保留三年、五年，或終身。當這個人故去時，就不再保留了。每年該分紅的，還是會給你，不像有限責任公司和股份有限公司，你就算故去，也有一個法定繼承人。

第四種，破產退出。這種情況跟期滿退出差不多，只是因為經營不好，有債務需要償還，有限合夥人就不再承擔這個企業的債務了。

比如當初共投資 1,000 萬元做合夥企業，其中兩人是以普通合夥人的身分來承擔無限責任的。我是屬於有限合夥

第五節　退出與結算機制：靈活應對合夥關係變動

人，當初投入100萬元，占這個合夥企業10％的股份。後來這個企業經營不善，在外面還負債500萬元。那按照比例來說，這500萬元負債，其實我應該也有份，就是個人承擔10％的債務。

如果我不做了，不但退不了錢，還要再拿50萬元填補。但如果我是有限合夥人，即使負債，我也不承擔債務，只是我當初投的100萬元就沒有了，至於整個企業欠債500萬元，跟我沒關係。破產退出，也有債權，比如應收帳款還沒有收回來的部分，我也有份。

第五種，重組退出。合夥企業需要加大投資，如果我不想繼續投入，甚至不想做了，就可以選擇退出。如果企業有獲利，至少還會把本金還給你；如果企業虧損，你沒有權利要求其他合夥人填補你當初出的資金。

第六種，上市退出。為什麼我們在設計協議時，建議投資合夥企業的公司不出現金，只需要出股份呢？

一方面，這個合夥企業有上市的可能；另一方面，萬一這個合夥企業經營不善，但是公司整體的經營業績好，我至少也可以得到一部分分紅，放在合夥企業裡。比如這個合夥企業本身經營占了80萬元，然後有0.5％的股份，是從總公司分紅過來的，至少能分30萬元。

當然那30萬元就屬於非經營性的收入，這樣就讓大家更

第五章　合夥制運行的五大核心機制

安心地去做這個合夥企業，更加放心地去投入資金。因為背後有一個靠山，讓大家減少後顧之憂。以水處理公司為例，總公司上市了，我們擁有 0.5% 的股份，這部分股份怎麼退出？就根據上市公司相關的法律操作就可以了。一般小股東在一年之內是不可以退出的，你還可以單獨地去約定……等等。

這些約定一定要寫到合夥人協議中。都說合夥容易、拆夥難，因為合夥的進入規則都說好了，退出機制沒有設計得完美，那一旦有人退出，摩擦就大了，人際關係就惡化了。所以退出機制的條款，越詳細越好，大家開開心心地拆夥。

合夥制的五大機制，即責任與授權機制、目標與考核機制、審計與監察機制、分配與激勵機制、退出與結算機制，這五大機制的內容，都應該是合夥協議裡面所包含的，有一個清晰的紀錄，有一個分工的責任，也有規範的退出機制，這樣才能把這個合夥企業共同經營好、打造好。

> **胡博士指點**
>
> 　　真正的合夥人責任，就是必須對具體經營數據負責。每個合夥人的肩上必須承擔他所在職位的經營責任。這些「責任」每年都必須量化，沒有達到目標的，輕則減少年薪、降級；重則減少股份，直至退出合夥人。

第五節　退出與結算機制：靈活應對合夥關係變動

本章總結

- 責任與授權機制，包括責重四問、權大三問。
- 目標與考核機制，即按一定的指標或評價標準，衡量高層管理人員完成既定目標和執行工作的情況，根據衡量結果，給予相應的獎勵。
- 審計是對結果、財務進行審查，這是對結果的判定。督察是對過程、對行政的審查，是對行為過程的監督。
- 分配與激勵機制是企業將遠大理想轉化為具體事實的連接方式，是實施合夥制的重要機制。
- 阿米巴股權激勵，分為縱向激勵和橫向激勵。
- 退出與結算機制，包括六種退出原因，以及退出結算方法。

第五章　合夥制運行的五大核心機制

第六章
阿米巴+合夥制的成功案例剖析

第六章　阿米巴＋合夥制的成功案例剖析

第一節
連鎖產業：
從直營店轉型合夥經營的成功模式

一、××超市連鎖：直營店改造為合夥加盟店

連鎖行業這種經營模式很容易做成「阿米巴＋合夥制」。

有一個案例，老闆大概有170多家連鎖便利商店，當初店長、店員和這個企業是僱傭關係，後來僱傭的成本越來越高，而且員工積極度也有限，我們就建議這位老闆把所有的直營店全部改為合夥加盟的方式。

那具體怎麼做呢？首先把這間店的資產盤算一下，再根據每年盈利的狀況，大概做一個價格。比如這間店的資產是100萬元，但每年的盈利能夠達到80萬元。那100萬加80萬，再乘以2，作為整間店的價格。

然後大家出錢。以前的老闆保留50%的股份，那剩下50%的股份，就讓店長、店員出錢來買。從此以後，店長、店員就是這間店的股東。在經營方面，合夥人也會獲得更大的權利。比如80%核心商品應該在本公司內採購，剩餘20%核心商品，你認為這間店需要，所在的區域需要，可以對外

採購。公司內部採購會形成一個合理的價格。

比如統一的進貨價是 10 元，到底加多少採購費賣給店裡呢？可以商定一個合理的演算法。

把直營店全部改為合夥加盟店。先找到這種合夥模式，然後就大力發展成為加盟店。

因為這個連鎖店是銷售一些日常百貨、生活用品，不存在什麼核心的技術。也就是說，不會因為合夥、加盟，就影響產品品質。當然，一些核心的產品，技術含量是很高的，就不建議做這種加盟的合夥模式。

二、××服務連鎖：把店長變成店老闆的機制

把直營店改為合夥加盟模式的，還有另一種行業，類似美容美髮店的服務連鎖店。這家店在全國有 200 多家連鎖直營店，全國有很多名員工。後來做著做著，老闆覺得壓力太大了。員工太多，很可能會有一些勞資糾紛。店員的積極度也不夠高，儘管有分紅獎金，還是達不到老闆的期望。

我們也逐漸地把店改為合夥制。怎麼做呢？首先定機制。比如這家店今年的利潤目標是 100 萬元，這 100 萬元的分紅獎金，按原來的規定給你。如果利潤超過 100 萬元，我就不再發獎金了，而是把這 100 萬元轉為你這間店的股份。

第六章　阿米巴＋合夥制的成功案例剖析

那我們盤算一下，假如一間店的資產是 100 萬元，然後今年的利潤超額了 8 萬元，那麼毫無疑問，從明年開始，你就占有這間店 8% 的股份。這 8% 的股份可以由店長、核心店員一起來分享。

如果你中途退出了，因為你沒出錢，這些股份也就沒有了。除非店長做到可以控制多少股份，把這間店變成以店長為主。這個美容美髮店的產品，主要是由總公司來供應。那麼以前的老闆還是可以占到 50% 以上的股份，也就是說，你今年超額了 8 萬元，那 8 萬元就占這個公司——100 萬元裡面的 8% 股份，逐漸地每年滾動，一直滾動到能夠占 50%。

如果這個老闆為了進一步鼓勵店長好好工作，讓核心店員不要離開，那你的股份可以繼續轉讓，直到由店長和店員來做大股東。

我們在這個協議裡，要寫好哪些美容美髮商品一定要從總部進貨，如果你不從總部進貨，一旦發現有假冒、偽劣的產品流入店裡，就會損害總公司的品牌形象。畢竟連鎖的品牌還是總公司的，你只是負責經營這間店，就得遵守加盟的規則。

一旦發現你有不符合總公司規定的情況，那公司可以責令店長退出，或核心人員退出，總公司就把股份收回來。如果股份收回來了，因為當初是把超額部分的獎金轉為這間店

裡面的股份,那麼你要人家退出,當然這部分錢還是要算給人家的。

所以,把店長轉變為店老闆,你對他的管理就可以授權,加強他的自我管理。因為他都成為這間店的大股東了,怎麼還會不努力呢?

這是關於兩個連鎖經營模式的案例。那是不是說,只有連鎖經營模式可以做合夥制?當然不是,只能說連鎖經營模式,每間店就是一個阿米巴,劃分阿米巴單獨核算比較容易,那產品也是一樣的。

例如這個美容美髮店,連鎖店向總部購買產品,這個產品到底多少成本價呢?這決定著我這間店的利潤空間。以前都是老闆直營,就不會告訴店長進價是多少,告訴你售價多少,店長、店員分紅獎金是根據你的售價來的。現在採用這種合夥制,要讓店長、店員知道,我的進價成本是多少,然後我賣多少才會有利潤空間。因為有利潤空間,才和老闆有分潤,而以前店裡的利潤全都是老闆的。所以這個也是讓企業快速發展的原因之一。

公司透過這種方式,鼓勵內部創業。店員自行選址,透過公司評估後,開設新店。同樣的道理,公司先投資,完成目標任務後多出來的錢,就逐漸轉變成你這間店的股份。這樣,優秀的員工就有積極度去不斷開設新店,產生新的裂

第六章 阿米巴＋合夥制的成功案例剖析

變,擴大公司的規模。

當然公司也可以自己開設新店,但是成本會很大,你不可能全國派那麼多人去找店址,還是鼓勵裂變會更合適。員工找到合適的店,就可以向公司申請,申請的方式也可以有好幾種,比如我是這間店的店長,你是店員,公司規定你從我這邊出去開新的加盟店,那麼我身為你以前的店長,要占你這家店一定的股份。店裡除了公司的股份、你的股份,還有一部分就是你以前店長的股份,這就跟前面說到的三級阿米巴股權激勵一樣。

這個公司也做得很好,在兩年多內,從 200 多家店面變成了 300 多家,而且管理比以前輕鬆多了,都是自我管理,自我裂變。

第二節
製造業：
透過合夥制提升業績與市場競爭力

一、××製藥企業：
某款藥業績從 300 萬元飛躍到 2 億元

關於製造行業成功案例，我也舉幾個例子。

有一家製藥企業，我們顧問跟老闆聊，他說公司的產品、藥品其實都是非常棒的，但是行銷沒做好，所以真正好的產品沒有賣好。

當時我就提出來，把這款產品的行銷模式做成合夥制，登記一個合夥企業，就專門賣這款產品。當然因為要通過政府認證，藥品是很複雜的，對外還是用公司的品牌更合適。

對內，我們就採取這種合夥制的方式。當時有一部分銷售人員也同意，我們再找一些在藥品銷售方面很有經驗的人，由三方，就是製藥企業、顧問公司，以及外來的人，登記一個合夥企業。

從經濟上來說，產品從藥廠賣給合夥企業，要有一個價格。產品賣給合夥企業，而合夥企業再賣出去，中間就會

有一個利潤差。這個合夥企業為了推廣這個藥品,可能會投入很多的資源,包括做廣告,多招募銷售人員去開發銷售管道。

以前老闆經常抱怨,這麼好的藥品,一年才銷售300多萬元。做了合夥企業後,大概兩、三年的時間,銷售額就達到2億元。因為在這個合夥企業裡,人人都是老闆,人人都很想把企業做好。

二、××精密零件:把一個工廠做成上市公司

再舉一個製造業的例子,它是把一個工廠做成上市公司。這個更了不起,這也是合夥制裂變的結果。

有一家公司,主要做精密塑膠製品,例如手機上用的一些塑膠製品,還有一些其他儀器、儀表上的塑膠製品。

塑膠製品要做得很精密,重要的有兩個部分:一個是塑膠粒,就像麵包的麵粉要品質好;另一個是模具,模具要很精密。我們把塑膠粒放入射出成型機,透過模具,射出成型出來的產品才會良好,當然射出成型本身就有很多製程要求。

我們把這個公司分成幾個阿米巴。現在的銷售、研發,只是專門針對手機和其他儀器上的精密塑膠零件進行開發,

第二節　製造業：透過合夥制提升業績與市場競爭力

在公司裡作為一個大阿米巴；同時我們也希望塑膠團隊做成一個阿米巴，登記一個合夥企業，可以對外接單，也可賣給內部；以前做模具的工廠，我們也登記一個合夥企業，除了為本公司做模具，還可以為外面做模具。

以前做塑膠的工廠，主要是對內銷售，沒有對外銷售，只負責生產。做成阿米巴以後，我們馬上就推合夥制，把這個塑膠工廠登記成一個合夥企業。以前的技術人員、生產人員、品管人員，可以來入股。

因為以前這個工廠是沒有銷售的，公司內部鼓勵銷售人員有合夥意向的，可以進來，也可以再請外面的銷售人員進來。

原始的塑膠粒要加很多玻璃纖維和色母，才會有很多的變化，可能要防酸，要有高強度，或者是防水，還要有顏色……等等。

相對來說，做塑膠的，可以開拓無限的空間，比如家裡用的塑膠桶、塑膠臉盆。有工業用的，有民生用品，甚至還有航空、航太用的，這個空間非常大。最後，公司上市時，它的主營業務發生了變化，以前的主營業務是做精密塑膠配件，上市後，對外銷售成為這家公司的主營業務了。

以前做模具的工廠也一樣，我們採用合夥制，讓它獨立核算，賣給內部是一個價位，賣給外面是另外一個價位。

第六章　阿米巴＋合夥制的成功案例剖析

這家公司就從一家專門賣精密塑膠配件的公司，發展成三家公司。第一，你的精密塑膠配件，繼續生產，繼續銷售。第二，塑膠粒，可以對外銷售。第三，模具，它以前主要做塑膠模具，現在甚至其他的五金模具都可以做了。這也是非常成功的案例，把一間工廠做成一個上市公司。

三、××電子公司：
　　把內部工廠成功推向市場

這是一家電子企業。我們在做阿米巴的時候，把公司內部原來非核心的業務變成合夥制，推向市場，比如以前的射出成型、五金、絲網印刷等。公司主營業務是做充電器，充電器需要組裝，其中一部分部件是外購，另一部分是內部若干個工廠生產的。要塑膠零件、五金零件就自己做，印刷也自己做。

但是公司真正的產品只有一個充電器，賣給不同的企業，配套也好，零售也好。那我們要把這個配套的非核心產品推向市場，把塑膠工廠、五金工廠、印刷工廠、做紙箱的包裝盒工廠，全部變成合夥制。

做合夥制，就要評估公司資產。首先，讓以前負責這個工廠的人員優先購買，如工廠主任、生產經理、負責生產技術的人員、負責生產調度的人員，因為你畢竟是公司的一分

子,要讓這些合夥人成為股東。

做成合夥制之後,就多元銷售,不單是賣充電器,還可以賣五金零件、塑膠零件,還可以幫人家加工絲網印刷,因為他們的絲網印刷做得很好。

所以,除了連鎖經營模式,製造行業也可以做成「阿米巴＋合夥制」。

第三節
快消行業：
如何運用合夥制驅動業務成長與創新

一、××電子商務公司：
從單一產品裂變為行業獨角獸

有一家專門賣燈具的電子商務公司，採用「阿米巴＋合夥制」的方式，獲得巨大的成功。這家公司以前賣單一產品，只賣家庭用的燈，一年的銷售額也就 300 萬元。我們鼓勵這家公司導入阿米巴經營模式。公司內部員工可以透過公司這個平臺銷售。我們一起合夥，公司出多少錢，你們出多少錢，然後產品你也可以選擇。

實施「阿米巴＋合夥制」之後，公司現在銷售的產品幾乎涵蓋了整個家居生活，甚至包括被套、床單、杯子……等等。但是幾乎每一類商品，都採用「阿米巴＋合夥制」的形式單獨核算。內部的服務，他們會去購買，比如物流配送；人事行政、費用分攤，他們也做得非常好。在家居網路電商裡，這家公司一直排名在前面，現在一年有 6 億多元的營業額。

這家網路電商公司是如何採用「阿米巴＋合夥制」的方式？我們知道，在電商平臺，資金需要滯留一定的時間，

才能到服務商手裡。比如我在 momo 開店，客戶把錢付給 momo 平臺，momo 過一段時間才會把錢轉進店家的帳戶裡。這樣一來，網路商店的資金壓力就大了。

所以經營一段時間後，公司的資金已經支撐不住了。因為它快速地裂變，快速地擴張，光靠利潤來滾動，是不夠支援這個企業發展的。

後來我們建議這家公司做成合夥制，大家拿錢入股。這樣錢也來了，人也來了，所以平臺就做得很大了。這個網路空間，有時有無限的發展可能。

二、×× 食品公司：把業務員虛擬成合夥制代理商

這是一家做酒類食品的公司，該公司是如何把業務員虛擬成合夥制代理商的呢？

因為這些酒類要銷售到餐廳裡面去，收款也很困難，所以以前是業務員發展當地的經銷商，經銷商再去賣給當地的餐廳。後來競爭越來越激烈，利潤越來越薄，你透過公司，又透過經銷商，中間又有很多業務員，這樣競爭力就削弱了。

事實上，經銷商的價值主要是承擔貨款，因為公司跟經銷商的交易是現款現貨，而經銷商賣到這些餐廳裡面，是有一個帳期的。那真正開發餐廳的，不是經銷商，而是這個公

第六章　阿米巴+合夥制的成功案例剖析

司的業務員。開發完後，這個餐廳進貨、進酒類，就到經銷商那邊去進。這種模式，在利潤高的時候還可以支撐下去，但利潤一低，競爭就沒有力量了。

後來我們建議這家公司採用「阿米巴＋合夥制」，把業務員虛擬成合夥制代理商。經銷商那一級可以跳過，反正都是我們的業務員在開發，那業務員做不了經銷商，只能做代理，因為他沒這麼多錢，這樣就變成公司直接和餐廳結算。由於業務員跟餐廳的老闆都在一起打交道很多年了，很熟悉，對接就很順暢。

以前經銷商要收款，業務員只負責開拓，那現在業務員就要把款項收回來。以前是經銷商向公司拿現款，我再發貨，那業務員變成代理商，他就沒錢了，實際上相當於公司鋪貨給餐廳。

如果這個業務員無法把款項收回來，怎麼辦呢？所以這個業務員也要出錢，出多少錢，占多少比例，這是第一步。第二步，把這個僱傭制改為合作制，工作合約改為合作協議，業務員不再是員工，而是合夥人。

這樣合作後，如果要墊資、墊貨，就透過業務員，以公司的名義賣給餐廳。這時因為業務員也出錢了，且他以前的獎金和現在的利潤分紅，簡直不是同一級別，所以業務員的積極度也非常高。

第三節　快消行業：如何運用合夥制驅動業務成長與創新

業務員變成這個公司的代理，然後某一個區域就登記成一個阿米巴。做阿米巴必須合夥，如果你不合夥，這個區域就不給你了。分成阿米巴後，根據各區域以往的銷售業績和未來可能產生的銷售業績，公司決定每一個區域必須投入100萬元，銷售人員必須拿40萬元出來，最多50萬元。你一個人不夠，還得另外找一個合夥人，至少要有兩個人。比如我是屬於北區的，我不能一個人跟公司合夥，至少還要再找一個合夥人，我們兩個占40%的股份，至於兩個人的股份比例，自己商量。

另外一個大區域裡銷售業績很好的，定位至少是要投資200萬元，實際上這200萬元用於整個貨物的周轉資金，還是不夠的，因為不可能有那麼多現金向公司買斷商品，然後再發貨到餐廳。但是銷售人員有了這個責任，有了這個壓力，那就不一樣了。首先，要把你現在帳上的錢用光。也就是說，我們投資200萬元成立合夥制阿米巴，銷售人員一共占了40%，就是80萬元。公司不付現金，配額120萬元，再加上你有80萬元現金，我發給你80萬元的貨，這不就是200萬元嗎？

總之，「阿米巴＋合夥制」真的就像「鋼筋＋水泥」一樣，非常有效。阿米巴能讓企業強大，是因為形成內部交易，可以引入外部競爭；合夥制是讓企業長久、強大。所以，「阿米巴＋合夥制」是一種非常好的，至少到目前為止，我認為是

第六章　阿米巴＋合夥制的成功案例剖析

最高端的經營和管理模式。

「阿米巴＋合夥制」，不分行業，也不管企業規模大小，都是合適的，關鍵是阿米巴如何做好「分、算、獎」，合夥制如何設計好進入機制、激勵機制和退出機制。我相信你的企業也一定能夠適應，採用這種「阿米巴＋合夥制」的方式，讓企業強大、長久。

第三節　快消行業：如何運用合夥制驅動業務成長與創新

國家圖書館出版品預行編目資料

阿米巴合夥制,稻盛和夫的企業模式:內部競爭 × 權責分配 × 股權激勵,阿米巴經營模式,讓員工從「賣命打工人」變成「共同合夥人」!/ 胡八一 著. -- 第一版. -- 臺北市:山頂視角文化事業有限公司, 2025.04
面；　公分
POD 版
ISBN 978-626-7709-05-4(平裝)
1.CST: 企業經營 2.CST: 企業管理 3.CST: 組織管理
494　　114004417

阿米巴合夥制,稻盛和夫的企業模式:內部競爭 × 權責分配 × 股權激勵,阿米巴經營模式,讓員工從「賣命打工人」變成「共同合夥人」!

作　　者：胡八一
發 行 人：黃振庭
出 版 者：山頂視角文化事業有限公司
發 行 者：山頂視角文化事業有限公司
E - m a i l：sonbookservice@gmail.com
粉 絲 頁：https://www.facebook.com/sonbookss/
網　　址：https://sonbook.net/
地　　址：台北市中正區重慶南路一段 61 號 8 樓
8F., No.61, Sec. 1, Chongqing S. Rd., Zhongzheng Dist., Taipei City 100, Taiwan
電　　話：(02) 2370-3310　傳真：(02) 2388-1990
印　　刷：京峯數位服務有限公司
律師顧問：廣華律師事務所 張珮琦律師

-版權聲明
本書版權為中國經濟出版社所有授權山頂視角文化事業有限公司獨家發行電子書及繁體書繁體字版。若有其他相關權利及授權需求請與本公司聯繫。
未經書面許可,不得複製、發行。

定　　價：375 元
發行日期：2025 年 04 月第一版
◎本書以 POD 印製